James Hena

Balanites aegyptiaca: Um agente antimicrobiano e moluscicida

AF302729

James Hena

Balanites aegyptiaca: Um agente antimicrobiano e moluscicida

ScienciaScripts

Imprint

Any brand names and product names mentioned in this book are subject to trademark, brand or patent protection and are trademarks or registered trademarks of their respective holders. The use of brand names, product names, common names, trade names, product descriptions etc. even without a particular marking in this work is in no way to be construed to mean that such names may be regarded as unrestricted in respect of trademark and brand protection legislation and could thus be used by anyone.

Cover image: www.ingimage.com

This book is a translation from the original published under ISBN 978-3-659-88918-9.

Publisher:
Sciencia Scripts
is a trademark of
Dodo Books Indian Ocean Ltd. and OmniScriptum S.R.L publishing group

120 High Road, East Finchley, London, N2 9ED, United Kingdom
Str. Armeneasca 28/1, office 1, Chisinau MD-2012, Republic of Moldova, Europe
Managing Directors: Ieva Konstantinova, Victoria Ursu
info@omniscriptum.com

Printed at: see last page
ISBN: 978-620-3-25660-4

Copyright © James Hena
Copyright © 2025 Dodo Books Indian Ocean Ltd. and OmniScriptum S.R.L publishing group

ÍNDICE DE CONTEÚDOS

DEDICAÇÃO

Este trabalho é dedicado principalmente ao meu pai, o Sr. Sindama Hena, que acredita em mim e me ensinou a virtude da paciência e da resistência.

AGRADECIMENTOS

Quero agradecer a Deus Todo-Poderoso pelo Seu amor, misericórdia e sustento durante todo o período deste estudo. A Sua provisão tem sido incessante. Ele é, de facto, um Deus fiel. A minha gratidão aos meus supervisores, Dr. A.K. Adamu e Dr. (Sra.) D.N. Iortsuun, pela sua orientação e contribuição intelectual para este trabalho. A vossa vasta experiência em investigação transformou este trabalho naquilo que é hoje. É uma excelente equipa de trabalho. S.O. Olonitola, do Departamento de Microbiologia da ABU Zaria, por se ter dado ao trabalho de analisar o manuscrito e pelas suas "críticas construtivas", que na realidade eram críticas corretivas, que deixaram uma marca indelével e me deram uma perspetiva mais ampla da investigação. Estou-lhe muito grato.

A parte técnica desta investigação não teria sido possível sem as contribuições inabaláveis de Mal. Adamu e Mal, Ahmed do Departamento de Farmacognosia, Mal. Shittu e Mal. Shuaibu do Departamento de Microbiologia, A.B.U Zaria, por terem estado presentes durante todo o tempo que passei no departamento para o aspeto antimicrobiano do trabalho. Obrigado por serem companheiros tão atenciosos. Deus vos abençoe.

Aos meus pais, Sr. e Sra. Sindama Hena, obrigado por acreditarem em mim. Os vossos parcos recursos foram canalizados para a minha formação, abdicando do vosso conforto. Sempre de joelhos, rezaram para que eu fosse grande. O vosso trabalho de amor não pode ficar sem recompensa. Gosto muito de vós. Agradeço também aos meus irmãos: Phillip (Big Bros), Julius (Uncle Ju) e Alex (Xandrous) e as minhas irmãs, Victoria, Roseline, Esther e Helen (Mamah) pelas vossas enormes contribuições financeiras e outras para o sucesso da minha carreira académica. Vocês são fantásticos; a aventura está apenas a começar, por isso apertem os cintos de segurança que nós vamos lá chegar. Deus vos abençoe.

Isto não estará completo se eu não mencionar a contribuição dos meus amigos e colegas de curso: Sandra Kanwai, J.B. Habu, I. Maikaita, Yahuza Tanimu, John Charles Sow, Regeh John, Jatau Solomon (Moluscus), James Awotoye, Amos Baminga, Dr. Ishaku Shalangwa, Sra. Zainab Mshelia e o meu sogro Sr. Yakubu Wudiri Gworgwor. O vosso encorajamento e as vossas críticas construtivas são muito apreciados. Ao Dr. e à Sra. John Kwasau, pelos seus cuidados parentais durante os meus estudos em Zaria. Admiro sempre a vossa humildade e altruísmo. Obrigado por me terem instruído no caminho do Senhor. Gosto muito de vós.

RESUMO

A atividade antimicrobiana e moluscicida dos extractos aquoso e metanólico de *Balanites aegyptiaca* foi avaliada com o objetivo de determinar os seus potenciais moluscicida e antimicrobiano. A avaliação fitoquímica dos extractos aquoso e metanólico das folhas, da casca do caule e da raiz de *B. aegyptiaca* revelou a presença de flavonóides, taninos, saponinas, glicosídeos, antroquinonas, tritepenos e esteróides em todas as partes da planta, mas não nos dois extractos. O rastreio antimicrobiano dos extractos aquoso e metanólico foi realizado em *Staphylococcus aureus, Escherichia coli, Pseudomonas aureginosa, Salmonella typhi e Candida albicans.* O extrato metanólico do caule inibiu o crescimento de *S. aureus, E. coli* e *C. albicans*, enquanto o extrato aquoso inibiu apenas *Pseudomonas aureginosa.* Os extractos aquoso e metanólico da raiz apresentaram uma atividade semelhante, mas o extrato aquoso não conseguiu inibir o crescimento de *S. typhi* com zonas de inibição entre 10,5

18.5 mm para todos os organismos. O extrato metanólico mostrou uma diferença significativa nas zonas de inibição ($P<0,05$). A concentração inibitória mínima (CIM) para os extractos de folhas variou entre 3,125-12,5mg/ml, o extrato de caule 6,25-12,25mg/ml e os extractos de raiz 1,563-12,5mg/ml. *A Candida albicans* foi inibida por todos os extractos de plantas, exceto o extrato aquoso do caule. O extrato metanólico da raiz registou a menor CIM de 1,562mg/ml em *P. auriginosa.* A MBC foi superior à MIC para todos os extractos utilizados no estudo contra todos os organismos testados. A atividade moluscicida dos extractos metanólicos do caule e da raiz foi avaliada contra *Bulinus spp.* e *Biomphalaria pfefferri,* hospedeiros intermediários de caracóis da esquistossomose. Registou-se uma mortalidade de 100% em concentrações superiores a 40mg/L para todas as espécies de caracóis. O LD_{50} para o extrato metanólico bruto do caule e da raiz contra as espécies de caracóis variou entre 4,7-5,2 e 4,7-5,3 respetivamente. A saponina bruta da raiz e do caule apresentou um DL_{50} mais baixo, variando entre 1,6-5,2 e 1,6-6,5, respetivamente. Não houve diferença significativa entre a DL_{50} dos extractos nas espécies de caracóis. A análise por cromatografia gasosa-espetrometria de massa (GC-MS) das saponinas brutas da casca do caule e das raízes identificou 11 e 14 compostos, respetivamente, tendo o ácido 9-octadecenóico o pico de massa mais elevado de 109 e 107 nas saponinas do caule e das raízes, respetivamente. A atividade moluscicida desta planta foi atribuída à presença destes compostos na planta. Por conseguinte, este estudo sugere a utilização de *Balanites aegyptiaca* no tratamento de doenças infecciosas e no controlo de *Bulinus globosus* e *Biomphalaria pfefferi.*

CAPÍTULO UM

1.0 Introdução

Desde os anos 30 que os investigadores têm investigado as propriedades moluscicidas de várias plantas, tentando desenvolver substâncias naturais que possam ser utilizadas pelas comunidades (Mozley 1939). A ideia era criar uma forma autossustentável de produzir e utilizar moluscicidas naturais no âmbito de um programa integrado de controlo, ou seja, substâncias que pudessem suplantar produtos sintéticos pouco práticos e dispendiosos (Taylor 1986).

As plantas medicinais constituem uma fonte eficaz de medicina tradicional e moderna. Foi demonstrado que têm uma utilidade genuína e cerca de 80% da população rural depende das ervas medicinais como única fonte de cuidados de saúde primários (Singh, 2002). Encontrar o poder curativo nas plantas é uma ideia antiga: pessoas de todos os continentes há muito que aplicam cataplasmas e bebem infusões de centenas e milhares de plantas indígenas que remontam à pré-história (Cowan, 1999). Cerca de 200.000 das plantas estão nos países tropicais em África. Uma percentagem relativamente pequena (1-10%) delas é utilizada como alimento tanto por espécies humanas como animais e uma percentagem ainda maior é utilizada para fins medicinais (Moerman, 1996). Recentemente, as pessoas nos países industrializados começaram a manifestar interesse por estes produtos naturais, no entanto, os médicos têm sido lentos a adotar as plantas medicinais e os extractos como fontes de medicamentos (Batchelder, 2004). Por exemplo, 25 a 50% dos produtos farmacêuticos actuais são derivados de plantas, poucos são utilizados como antimicrobianos (Cowan, 1990)

As doenças infecciosas são responsáveis por cerca de metade das mortes nos países tropicais (Iwu, at *al.*, 1999). Nos países desenvolvidos, as doenças infecciosas estão a aumentar, conduzindo a uma elevada taxa de mortalidade. Nos Estados Unidos, a morte por doenças infecciosas ocupava o $5°$ lugar em 1981 e era a $3ª$ causa principal em 1992, o que representa um aumento de 58% (Pinner et. al: 1996). Com o aumento da mortalidade devida a doenças infecciosas, a necessidade de renovar a abordagem do seu tratamento é fundamental. As abordagens incluem: prevenção (vacinação), melhor controlo e desenvolvimento e novos tratamentos. É esta última solução que englobaria o desenvolvimento de novos antimicrobianos (Fauci, 1998). Assim, a necessidade de explorar a utilização de plantas como antimicrobianos no tratamento de doenças infecciosas.

As principais vantagens da utilização de medicamentos à base de plantas são o facto de serem relativamente mais seguros do que as alternativas sintéticas, oferecendo benefícios terapêuticos profundos e um tratamento mais acessível com poucos ou nenhuns efeitos secundários (Iwu, *et. al:* 1999). Os princípios activos de muitos medicamentos encontrados nas plantas são metabolitos secundários (Ghani, 1990), que são tecnicamente designados por "medicamentos" e que, ao longo dos anos, têm sido explorados na medicina tradicional para o tratamento de várias doenças que afectam o homem. Os caracóis de água doce dos géneros *Biomphalaria* e *Bullinus* são hospedeiros intermediários de caracóis para a transmissão do parasita trematódeo de importância médica, *Schistosoma mansoni*, o agente causador da doença tropical humana esquistossomose, vulgarmente conhecida por Bilharzia, uma doença que aflige 75 países do mundo em desenvolvimento. Das 7 espécies de *Biomphalaria* que transmitem a esquistossomose no hemisfério ocidental, a *B. glabrata,* um membro altamente derivado da classe Gastropoda, é a mais importante e a mais bem estudada experimentalmente. Encontra-se principalmente na América do Sul e nas Antilhas Grandes e Pequenas, onde os caracóis ocupam habitats que são frequentemente temporários devido a cheias e secas frequentes. São dispersos para novos habitats durante os períodos de cheias.

A esquistossomose é uma doença endémica causada por helmintos pertencentes ao género *Schistosoma*. De acordo com a Organização Mundial de Saúde (OMS), esta doença afecta mais de 200 milhões de pessoas e coloca outros 600 milhões em risco de infeção em mais de 70 países dos trópicos. (OMS,1994) (Nas Américas Central e do Sul, *o S. mansoni* causa esquistossomose intestinal em 8-12 milhões de pacientes (Lambertucci et al. 1987) (JR Em vista de sua prevalência e morbidade, esta doença é um sério problema de saúde pública no Brasil e em muitos outros países. O ciclo de vida deste parasita envolve a infeção de algumas espécies de moluscos. Os caramujos do género *Biomphalaria*, em especial *B. glabrata*, são os hospedeiros intermediários mais importantes do *S. mansoni*. O controlo da população de caracóis através de moluscicidas pode desempenhar um papel importante numa abordagem integrada que vise o controlo desta doença, se o agente moluscicida for disponibilizado às comunidades afectadas.

Na África subsariana, a purificação das águas residuais para proteger a saúde da população pode criar reservatórios de água estagnada para vectores de parasitas como os caracóis, que são hospedeiros intermédios da bilharziose. Estudos laboratoriais sobre a sobrevivência de *Bulinus truncatus,* um hospedeiro intermediário de *Schistosoma haematobium,* e Biomphalaria pfeifferi, um hospedeiro intermediário de *Schistosoma mansoni.*

Balanites aegyptiaca (Zygophyllaceaa) nome local: soapberry, Hausa: Adu'a, Fulani: Tanni, Kanuri: Kingo, Burah: Doduma, pertence à família das:
Divisão : Magnoliophyta

Classe : Magnoiiatae ou Dicotiledóneas

Subclasse : Rosidae

Superordem : Rutanae

Ordem : Gcraniales

Família Balanitaccae

Distribuição geográfica : A B. aegyptiaca é uma árvore de savana de grande porte amplamente distribuída por toda a África, ao longo da faixa tropical desde a Tanzânia, a leste, até à Costa do Marfim, a oeste. Também se encontra nas regiões relativamente mais secas do Norte de África, da Moritânia à Nigéria e Gana, ao Egito, passando pela Palestina, Arábia Saudita e Índia. Nas regiões mais secas do Quénia, Uganda e Zaire, existem florestas abertas dispersas de B. aegyptiaca (Suliman & Jackson (1959). Na Nigéria, é comum na parte norte do país. Trata-se de uma árvore da savana caracterizada por espinhos verdes longos e rectos dispostos em espiral ao longo dos ramos, quer tenham flores ou não, cada ramo está armado com espinhos que são geralmente simples e praticamente rectos. As flores são pentapalas com dez estames e ovário de cinco carpelos verde-escuros fundidos. A floração ocorre entre março e junho. Os frutos contêm uma semente e assemelham-se a uma tâmara, geralmente verdes mas amarelo na maturidade. Os tecidos vegetais da B. aegyptiaca têm sido utilizados numa variedade de medicamentos populares em África e na Ásia. Os extractos de várias partes desta árvore têm sido intensamente utilizados em África e na Índia para vários fins etnobotânicos. Por exemplo, foi demonstrado que os extractos de Balanites apresentam actividades antifeedantes, antidiabéticas, anti-helmínticas e contraceptivas (Jain e Tripathi, 1991; Kamel et al., 1991; Liu e Nakanishi, 1982; Ibrahim, 1992; Rao et al., 1997). Estudos anteriores mostraram que a B. aegyptiaca contém saponinas esteróides. A maioria destes estudos relatou que a presença de saponinas é a principal causa por detrás destas actividades. Para além das suas utilizações medicinais, as árvores Balanites são amplamente utilizadas como forragem e para fins de madeira (Arbonnier, 2002), no tratamento de doenças de pele e como remédio para artrite gástrica e iterícia (Hammiche e Maiza 2006). Também como antídoto para picadas de cobra (Innogjerdigen, 2006), para o tratamento da tosse, (John, 1990), também no tratamento da diarreia (Informação verbal), e sífilis (Boulos1999). A raiz também foi usada no tratamento de inflamação (Kubmarawa *et.al,* 2007). Também foi relatada no tratamento do VIH e da leucemia (WIPO 2004).

1.2 **Declaração do problema de investigação**

As infecções por trematódeos humanos e animais, tais como a schiatosomíase e a faciolose, são problemas de grande importância socioeconómica nos países das regiões tropicais. Estão a tornar-se ainda mais importantes à medida que os recursos hídricos se desenvolvem e o habitat dos caracóis hospedeiros intermediários se torna mais numeroso. Se possível, estas infecções devem ser controladas por procedimentos adequados aos recursos nacionais, minimizando, tanto quanto possível, as despesas e as divisas.

Muitos programas de controlo de caracóis nas comunidades rurais dos países em desenvolvimento não tiveram êxito devido ao elevado custo em divisas da obtenção de moluscicidas sintéticos. A falta de infra-estruturas de transporte nas áreas rurais e de conhecimentos sobre a utilização de moluscicidas sintéticos afectou ainda mais a sua disponibilidade e utilização eficaz, levando, assim, ao fracasso do programa.

Tem havido um grande interesse em moluscicidas que possam ultrapassar o problema acima referido. Uma possibilidade é o moluscicida de origem vegetal (Mc Cullough, et, al. 1980). Kloos e Mc Collough (1987) registaram 571 plantas com propriedades moluscicidas. Estas plantas moluscicidas são, por natureza, sustentáveis, uma vez que podem ser cultivadas de forma alargada e contínua a um custo relativamente baixo. A sustentabilidade é um conceito que é cada vez mais reconhecido como um fator crítico na conceção de iniciativas de desenvolvimento, especialmente nos países em desenvolvimento.

Com a atual ameaça do aquecimento global e a destruição da camada de ozono devido às emissões de carbono e aos produtos químicos sintéticos, bem como a crescente taxa de poluição das nossas águas, é necessário considerar outras formas de gerir os vectores de pragas e doenças no ambiente. Esta abordagem inclui o controlo biológico e também a utilização de materiais ecológicos, específicos e não tóxicos para outras formas de vida. Assim, é necessário introduzir a utilização de material vegetal com propriedades moluscicidas e a utilização sustentável do mesmo. O constituinte ativo nestas partes de plantas não é muito conhecido por exibir atividade moluscicida. A necessidade, portanto, de investigar o constituinte das diferentes plantas não pode ser enfatizada em demasia.

O objetivo deste estudo é, por conseguinte, dar resposta à seguinte questão:
1. Os extractos de B. aegyptiaca apresentam substâncias activas moluscicidas?
2. A fração de saponina de B. aegyptiaca tem atividade moluscicida?
3. Quais são os compostos presentes na fração saponínica de B. aegyptiaca?

1.3 Justificação

Os problemas que os moluscicidas e pesticidas sintéticos causaram no ambiente não podem ser quantificados em termos monetários. Alguns deles provocaram a extinção de alguma fauna e flora, enquanto outros se tornaram resistentes a eles. Os pesticidas causaram danos não só à comunidade aquática, mas também aos animais que bebem dos cursos de água poluídos e, mais importante ainda, aos seres humanos que se alimentam dos organismos aquáticos presentes nas massas de água poluídas.

Nas últimas décadas têm sido utilizados vários moluscicidas químicos para o controlo da esquistossomose e de outras doenças transmitidas por caracóis. Entre os mais notáveis contam-se o sulfato de cobre e outros sais de cobre que, no passado, desempenharam um papel importante, mas que, em grande parte, foram descartados devido à sua baixa eficiência e à sua inativação por várias matérias orgânicas e inorgânicas presentes na água. Outro moluscicida químico popular foi o sodiumpentachlorophenate, também descartado devido ao seu efeito irritante na pele humana e à sua rápida decomposição pela luz solar ultravioleta. O produto químico para conchas Frescon® (Ntritylmorpholine), conhecido por ser altamente sensível a variações no pH da água, e o produto japonês *Yurimin* já não são produzidos. O produto Bayluscide (niclosamida) da Bayer Co. é o melhor moluscicida disponível no mercado e o único recomendado pela OMS para utilização generalizada. Devido ao elevado custo deste produto (mais de 25.000 dólares por tonelada métrica (TM) em 1981 - cerca de 3,6 milhões de euros), apenas alguns países em desenvolvimento o estão a utilizar e a uma escala limitada, com assistência financeira externa. A falta de mercado para os moluscicidas desencoraja as empresas privadas de procurarem e desenvolverem outros produtos, incluindo os compostos organoestânicos, que são promissores para uma aplicação de libertação lenta. Os moluscicidas sintéticos são dispendiosos, tóxicos para a pessoa que os aplica e requerem pessoas qualificadas para os manusear. A maior parte deles tem uma vida útil longa, pelo que permanecem durante muito tempo no ambiente (persistência). Os materiais vegetais, por outro lado, não são tóxicos mesmo em concentrações elevadas e alguns são mesmo consumidos como alimento por animais e seres humanos. Por exemplo, Balanites aegyptiaca.

A determinação da sua composição química e a verificação do efeito moluscicida das partes da planta revelarão o composto ativo na planta, e assim cultivar em grande escala ou explorar outra planta com um composto semelhante que criará uma lacuna entre o parasita esquistossoma e o Homem, minimizando assim a sua prevalência entre a população. A esperança a longo prazo é que se encontre uma planta que forneça um moluscicida barato, adequado para utilização em esquemas de cuidados de saúde primários que apoiem o programa de quimioterapia. Resta saber se esse sonho alguma vez se tornará realidade. Será que os camponeses poderão alguma vez proteger-se a si próprios e às suas famílias da esquistossomose, espalhando ocasionalmente nos corpos de água que são obrigados a utilizar as folhas ou sementes de uma erva daninha comum? A utilização de moluscicidas vegetais é atractiva devido à vantagem económica de cultivar a planta localmente em vez de importar compostos sintéticos (Osman, 2000).

O moluscicida ainda é considerado o meio mais importante de controlo da esquistossomose onde o volume de água per capita é pequeno. Nas comunidades rurais, o custo dos moluscicidas sintéticos e/ou da quimioterapia proíbe a sua utilização. Os moluscicidas vegetais, aplicados como suspensões aquosas brutas, são a fonte de alternativas baratas, eficazes e ambientalmente aceitáveis. Além disso, é provável que as comunidades infectadas aceitem a utilização de plantas indígenas locais, particularmente se tiverem mais do que uma aplicação local, uma vez que estão familiarizadas com as suas propriedades e caraterísticas de crescimento. (Clark *et al.*, 1997). Em geral, recomenda-se a educação sanitária associada à utilização de quimioterapia e de moluscicidas baratos para o controlo desta doença (Sofowora, 1993).

1.4 Hipóteses

1.   Os extractos metanólicos do caule e da raiz de B.aegyptiaca não apresentam actividades moluscicidas contra *Biomphalaria, Bulinus* e *lymnae*

2.   A fração de saponina de B.aegyptiaca não apresenta actividades moluscicidas contra espécies de *Biomphalaria, Bulinus* e *Lymnae.*

3.   Existe uma diferença significativa no teor de saponina das fracções do caule e da raiz de Balanites aegyptiaca.

4.   Os extractos aquoso e metanólico das folhas, da casca do caule e das raízes de Balanite aegyptiaca não têm qualquer efeito antimicrobiano.

1.5 Objetivo

Os objectivos desta investigação são:

1.   Determinar a atividade moluscicida dos extractos metanólicos do caule e da raiz de *Balanite aegyptiaca.*

2.   Determinar o efeito moluscicida da fração de saponina de *Balanite aegyptiaca*

3.   Elucidar e caraterizar os compostos presentes na fração saponínica de *B. aegyptiaca.*

4.   Determinar o efeito antimicrobiano dos extractos aquoso e metanílico das folhas, da casca do caule e das raízes de *Balanite aegyptiaca.*

CAPÍTULO DOIS
REVISÃO DA LITERATURA

2.0 Introdução

A investigação sobre a bioatividade dos produtos naturais tem vindo a aumentar consideravelmente. Os aspectos biológicos mais investigados são os antimicrobianos, moluscicidas, insecticidas, parasitas, testes de toxicidade e anti-tumorais, por ordem decrescente, avançando ao mesmo tempo um olhar sobre as doenças africanas endémicas e muitas vezes negligenciadas, como o paludismo, a leishmaniose, a esquistossomose, a filariose linfática e a ochacerciase, a tripanossomíase africana e a doença de chargas, a lepra, o dergue e a tuberculose.

O aparecimento de medicamentos modernos para o tratamento de infecções por tremátodes foi como uma explosão de sol após uma noite longa e particularmente triste. Onde, durante meio século, tinha havido um gotejamento de medicamentos de eficácia modesta e toxicidade espantosa, houve a rápida descoberta de vários medicamentos excelentes. Entre eles, destacava-se o Praziquantel, que era ligeiramente eficaz contra todas as principais espécies humanas de *Schistosomia, Clonorchis, Paragonimus, Opisthorchis, Metaganimus e Fasciolopsis* (Campbell, 1986). O isolamento e a caraterização de produtos naturais de plantas medicinais africanas sem qualquer teste biológico ou farmacológico produziu numerosos compostos de estrutura nova e constitui a maioria de todas as publicações recentes sobre plantas medicinais africanas (Sofowora, 1993).

2.1 Caracóis de água doce vectores da esquistossomose

Muitas espécies de caracóis de água doce pertencentes à família *Planorbidae* são hospedeiros intermediários de larvas de vermes altamente infecciosos (trematódeos) do género *Schistosoma* que causam a esquistossomose, também chamada bilharziose, em África, na Ásia e nas Américas. A infeção é generalizada e, embora a taxa de mortalidade seja relativamente baixa, milhões de pessoas sofrem de doenças graves e debilitantes. É prevalente em áreas onde os caracóis hospedeiros intermediários se reproduzem em águas contaminadas por fezes ou urina de pessoas infectadas. As pessoas adquirem a esquistossomose através do contacto repetido com água doce durante a pesca, a agricultura, a natação, a lavagem, o banho e as actividades recreativas. Os esquemas de desenvolvimento dos recursos hídricos em certas áreas, particularmente os esquemas de irrigação, podem contribuir para a introdução e propagação da esquistossomose. Os caracóis são considerados hospedeiros intermediários porque os seres humanos albergam as fases sexuais dos parasitas e os caracóis albergam as fases assexuadas. As pessoas servem de vectores ao contaminarem o ambiente. A transferência da infeção não requer qualquer contacto direto entre os caracóis e as pessoas. Os caracóis de água doce são também hospedeiros intermediários de infecções alimentares causadas por vermes que afectam o fígado, os pulmões e os intestinos dos seres humanos ou dos animais.

2.2.1 Biologia

Estima-se que cerca de 350 espécies de caracóis tenham uma possível importância médica ou veterinária. A maioria dos hospedeiros intermediários dos parasitas *Schistosoma* humanos pertence a três géneros, *Biomphalaria, Bulinus* e *Oncomelania*. As espécies envolvidas podem ser identificadas pela forma do invólucro exterior. Estão disponíveis chaves regionais simples para a determinação da maioria das espécies. Os caracóis podem ser divididos em dois grupos principais: caracóis aquáticos que vivem debaixo de água e que normalmente não conseguem sobreviver noutro local (*Biomphalaria, Bulinus*), e caracóis anfíbios adaptados para viver dentro e fora de água (*Oncomelania*). Em África e nas Américas, os caracóis do género *Biomphalaria* servem como hospedeiros intermediários do *S. mansoni*. Os caracóis do género *Bulinus* servem de hospedeiros intermediários de *S. haematobium* em África e no Mediterrâneo Oriental, bem como de *S. intercalatum* em África. No sudeste asiático, *as Lymnaea* são importantes na transmissão da fasciolose hepática. As espécies de *Lymnaea* podem ser aquáticas ou anfíbias e podem invadir e povoar um novo habitat.

2.2.2 Ciclo de vida

Todas as espécies de *Biomphalaria* e *Bulinus* são hermafroditas, possuindo órgãos masculinos e femininos e sendo capazes de auto-fertilização ou fertilização cruzada. A postura é feita em lotes de 5-40, sendo cada lote encerrado numa massa de material gelatinoso. Os caracóis jovens eclodem após 6-8 dias e atingem a maturidade em 4-7 semanas, dependendo da espécie e das condições ambientais. A temperatura e a disponibilidade de alimentos são alguns dos factores limitantes mais importantes. Um caracol põe até 1000 ovos durante a sua vida, que pode durar mais de um ano.

Os caracóis anfíbios *Oncomelania*, que podem viver durante vários anos, têm sexos separados. A fêmea põe os seus ovos isoladamente junto à margem da água.

2.2.3 Ecologia

Os habitats dos caracóis incluem quase todos os tipos de massas de água doce, desde pequenos charcos e riachos temporários até grandes lagos e rios. Dentro de cada habitat, a distribuição dos caracóis pode ser irregular e a sua deteção requer o exame de diferentes locais. Para além disso, as densidades dos caracóis variam significativamente com a estação do ano. Em geral, os caracóis aquáticos hospedeiros dos esquistossomas ocorrem em águas pouco profundas perto das margens de lagos, lagoas, pântanos, ribeiros e canais de irrigação. Vivem em plantas aquáticas e lama que é rica em matéria orgânica em decomposição. Podem também ser encontrados em rochas, pedras ou betão cobertos de algas ou em vários tipos de detritos. São mais comuns em águas onde as plantas aquáticas são abundantes e em águas moderadamente poluídas com matéria orgânica, como fezes e urina, como é frequentemente o caso perto de habitações humanas. As plantas servem como substratos para alimentação e oviposição, bem como para proteção contra altas velocidades da água e predadores como peixes e aves. A maioria das espécies de caracóis aquáticos morrem quando encalham em terra seca durante a estação seca. No entanto, algumas espécies de caracóis são capazes de resistir à dessecação durante meses, enquanto estão enterrados no fundo lodoso, selando a abertura da sua concha com uma camada de muco. A maior parte das espécies pode sobreviver fora de água durante curtos períodos. Para a reprodução, as temperaturas entre 22 °C e 26 °C são, normalmente, óptimas, mas os caracóis *Bulinus* no Gana e noutros lugares quentes têm uma gama de temperaturas mais ampla. Os caracóis podem sobreviver facilmente entre 10 °C e 35 °C. Não são encontrados em águas salgadas ou ácidas. Na maior parte das regiões, as mudanças sazonais na precipitação, no nível da água e na temperatura causam flutuações acentuadas nas densidades populacionais de caracóis e nas taxas de transmissão. Os reservatórios que contêm água durante vários meses do ano na África do Sahel podem ser locais de transmissão intensiva da esquistossomose urinária durante um período muito limitado, porque as espécies sobreviventes *de Bulinus* recolonizam rapidamente os reservatórios depois do início das chuvas.

2.3 Esquistossomose

A transmissão da esquistossomose na Nigéria tem uma longa história. Foi referido que os Fulani trouxeram a esquistossomose do Nilo, no Egito, durante a sua migração para a Nigéria (Aladesanmi, 2007). *A Schistosomia haematobium* é mais comum na África Ocidental do que *a S. mansoni,* estudos de partes do sudoeste da Nigéria mostraram que a esquistossomose intestinal está presente e que *a S. mansoni* foi encontrada numa barragem em Ile-Ife. Também foi relatado que a transmissão, a endemicidade e a focalidade da esquistossomose intestinal e urinária estavam presentes noutras comunidades em redor de barragens artificiais no Estado de Osun, na Nigéria (Adewunmi, et al. 1993).

Um dos métodos para o controlo desta doença é o uso de moluscicidas e a necessidade do uso de moluscicidas vegetais tem recebido um interesse crescente, principalmente porque pode ser uma tecnologia apropriada e barata para o controlo de caracóis em nações pobres endémicas do mundo. Continua a haver uma necessidade urgente de moluscicidas vegetais altamente potentes para evitar a transmissão da doença parasitária esquistossomose. (Maillard, 1989) e mais investigação fitoquímica desta e de outras plantas seria ainda muito necessária. *A esquistossomose* ou bilharziose, uma doença transmitida por alguns caracóis de água doce na Nigéria, sobretudo de dois géneros *Biomphalaria* e *Bulinus*, é endémica no país. A infeção produz vários efeitos debilitantes, dependendo da idade da pessoa, das suas caraterísticas imunológicas, do número de vermes presentes e do número de ovos postos. As infecções são mais graves nas crianças do que nos adultos. Os hospedeiros intermediários desempenham um papel essencial no ciclo de vida do parasita esquistossoma. Os cercárias esquistossomóticos são libertados dos caracóis para a água e penetram na pele dos indivíduos expostos à água enquanto tomam banho, nadam, pescam e praticam actividades agrícolas. Os moluscicidas são, por conseguinte, muito importantes para o controlo da esquistossomose, se forem utilizados de forma adequada. Foi demonstrado que *o aridan* e *a aridanina* isolados da *Tetrapleura tetraptera* podem interromper o ciclo de vida do esquistossoma através das suas propriedades cercaricidas, miracicidas e moluscicidas. Assim, a OMS recomenda que os testes de segurança sejam efectuados em paralelo com as fases de desenvolvimento de um moluscicida vegetal (Awe, 1995). Os caracóis pertencentes à família *Lymnaeidae* são conhecidos por actuarem como hospedeiros intermédios da fasciolíase humana e animal. O caracol de água doce *Lymnaea luteola* Lamarck (Mollusca: Gastropoda), está amplamente distribuído na Índia e actua como hospedeiro intermediário de *Schistosomia incognitum, S. nasale, Orlantobilharzia dattae. Fasciola hepatica, F. gigantica,* os agentes causadores da fasciolíase nos bovinos e da dermatite cercariana nos seres humanos na parte norte da Índia. O controlo dos caracóis é considerado como uma das melhores medidas preventivas no controlo de todas as formas de esquistossomose. Os extractos de alguns moluscicidas vegetais, como *Euphorbia splendens, phytolacca dodecandra e Tetrapleura tetraptera,* revelaram uma menor toxicidade para as primeiras fases de desenvolvimento do que para os adultos. Também foi referido que os extractos de n-butanol de alguns moluscicidas vegetais, como *Sapindus trifoliatus, Agave americana, Jatrapha gossypifolia e Vaccaria pyramidata,* são tóxicos para os ovos de *L. luteola* acabados de pôr, mas, tendo em conta a segurança para os organismos não visados, os peixes e os animais, a nicotinanilida pode ser considerada uma melhor opção, embora o valor LC_{90} seja 1,6 vezes superior ao da niclosamida

(Sukumaran et al., 2004).

181 extractos de plantas, que representavam 106 espécies em 41 famílias utilizadas na medicina herbal nigeriana, foram analisados quanto à sua atividade moluscicida seguindo o protocolo W.H.O., com caracóis criados em laboratório de idade conhecida. No entanto, apenas 23 (12,7%) destes extractos de plantas em metanol, distribuídos por 106 espécies em famílias, mostraram 100% de mortalidade para os caracóis a uma concentração de 100 ppm de extrato, incluindo *T. Tetraptera*, e os extractos com 100% de atividade foram obtidos pela Unidade de Investigação e Produção de Drogas da Universidade Obafemi Awolowo (Adewunmi. e Sofowora, 1980). O moluscicida ainda é considerado o meio mais importante de controlo da esquistossomose onde o volume de água por capote é pequeno. Nas comunidades rurais, o custo dos moluscicidas sintéticos e/ou da quimioterapia impede a sua utilização. Os moluscicidas vegetais, aplicados como suspensões aquosas brutas, são a fonte de alternativas baratas, eficazes e ambientalmente aceitáveis. Além disso, as comunidades infectadas são susceptíveis de aceitar a utilização de plantas indígenas locais, particularmente se tiverem mais do que uma aplicação local, uma vez que estão familiarizadas com as suas propriedades e caraterísticas de crescimento. (Clark et al., 1997). Em geral, recomenda-se a educação sanitária associada à utilização de quimioterapia e de moluscicidas baratos para o controlo desta doença (Sofowora, 1993).

Apesar do êxito de alguns programas de controlo, a prevalência da esquistossomose mantém-se, em grande parte porque o crescimento da população e o desenvolvimento dos recursos hídricos artificiais continuam (Lemmich et.al., 1995). O tratamento das massas de água com compostos moluscicidas é considerado um elemento importante numa estratégia integrada de controlo da morbilidade, mas como a utilização de moluscicidas sintéticos é impedida pelos custos elevados, há uma procura de alternativas baratas, como os produtos naturais.

A esquistossomose é talvez o segundo problema de saúde em África, depois da malária, entre as seis doenças TDR (Projeto de Investigação sobre Doenças Tropicais patrocinado pela OMS/Banco Mundial). Cerca de 141-150 milhões de pessoas no continente africano estão infectadas com esta doença tropical causada por parasitas transmitidos pela água. A doença é transmitida por alguns moluscos de água doce, nomeadamente *Biomphalaria, Bulinu* e *Oncomelania.* A esquistossomose ou bilharzíase é uma doença que afecta mais de 200 milhões de pessoas nas zonas tropicais e subtropicais do mundo. A luta contra a bilharziose é um dos desafios mais importantes nos países dos trópicos. Os registos da OMS estimam que cerca de 200 milhões de pessoas são afectadas pela infeção por espécies de *Schistosonia* e que mais 400 milhões estão ameaçadas em pelo menos 76 países (Bode. et al., 1996).

A quimioterapia da esquistossomose foi analisada por Davis (1982) e por Bennett e

Depenbusch (1984). O tema mais vasto da quimioterapia das doenças fúngicas do homem foi analisado por Campbell e Garcia (1986), enquanto o tratamento das fúngicas intestinais do homem foi analisado por Cross (1985).

O interesse no estudo de material vegetal que contém compostos moluscicidas baseia-se na ideia de um fornecimento local de moluscicidas, que podem ser produzidos a baixo custo através de tecnologias simples. A planta *Phytolacca dodecandra* tem sido um candidato muito promissor para um moluscicida vegetal e foi possível desenvolver um moluscicida seguro e económico a partir das bagas desta planta. A sensibilização criada pelos programas de educação sanitária da OMS em África, assim como a facilidade de cultivar os caracóis hospedeiros intermediários, resultaram provavelmente no aumento da atividade de investigação na área dos moluscicidas vegetais em África. Várias plantas foram examinadas em toda a África quanto à sua atividade moluscicida. Três destacam-se claramente por terem sido bem investigadas até às fases de ensaios de campo. A primeira é Endod, *Phytolacca dodecandra,* sobre a qual muito foi publicado através do trabalho do grupo de Lema (Lema, 1965; Parkhurst et al., 1989; Lambert et al., 1991). As saponinas da *Swartzia madagascariensis* foram comunicadas pela primeira vez por Finn Sandberg em 1951, mas a planta foi trazida de novo para a ribalta pelo grupo de Hostettman devido à atividade moluscicida das suas saponinas. O terceiro candidato a moluscicida vegetal de África é objeto da presente análise, *Tetrapleura tetraptera* (Aridan) que, através do trabalho de Adewunmi (1991) e das suas colaborações com cientistas suecos, dinamarqueses, italianos, suíços e nigerianos, resultou no isolamento, na caraterização e no ensaio de novos N-acetilglicósidos de triterpenóides com atividade moluscicida.

Outro novo triterpeno glicosídeo, o ácido 3- (O- P -D-glucopyranosyp- (1-6) P-D-glucopyranosyl) -oxy-27-hydroxy-olean-12-en-28-oic, também foi relatado a partir do fruto desta planta após a sua colaboração com o grupo de Hostettman na Suíça (Maillard et al., 1992). Uma revisão dos moluscicidas de plantas africanas foi também efectuada por Hostettman (1989).

Três espécies de esquistossomose, *S. haematobium* (África), *S. japonicum* (Japão, Sudeste Asiático, Pacífico Ocidental) e *S. mansoni* (África, Sudoeste Asiático, Brasil, Caraíbas) são responsáveis pela maioria das infecções por esquistossomose, enquanto as outras duas espécies, *S. inter calatum* e *S. mekongi,* parasitam os seres humanos em muito menor escala. Os seres humanos são o reservatório mais importante de *S. haematobium* e *S. mansoni* e são infectados quando expostos a água doce contaminada (por exemplo, ao vadear, nadar ou banhar-se) (OMS, 2002) Os ciclos de vida dos esquistossomas humanos são geralmente semelhantes. Os ovos são libertados para o ambiente a partir da urina ou das fezes de indivíduos infectados. Quando os ovos chegam à água, eclodem e libertam miracídios que nadam livremente. Os miracídios infectam então o hospedeiro intermediário, um caracol de água doce, penetrando no seu pé. Os caracóis hospedeiros dos esquistossomas humanos importantes são os dos géneros *Biomphalaria (S. mansoni), Bulinus (S. haematobium)* e *Onchomelania (S. japonicum)*. Após a infeção, ocorre a proliferação assexuada no caracol e surgem milhares de novas larvas parasitas conhecidas como cercárias. Quando os seres humanos se encontram em água doce contaminada, as cercárias fixam-se, exploram e, por fim, penetram na pele. A cercária transforma-se num esquistossómulo migratório e viaja até aos pulmões. Nos pulmões, o esquistossómulo sofre alterações no seu desenvolvimento, que lhe permitem migrar para o fígado, onde se alimenta de glóbulos vermelhos, se transforma num verme adulto e encontra um parceiro. Depois de encontrar o seu parceiro, o par une-se e começa a cópula. Os pares de vermes machos e fêmeas deslocam-se para as veias rectais, no caso de *S. mansoni* e *S. japonicum,* e no caso de *S. haematobium,* os vermes migram para o plexo venoso perivesical da bexiga, rins e ureteres. Os ovos de *S. mansoni* e *S. japonicum* atravessam os vasos sanguíneos e a parede intestinal para serem eliminados nas fezes. Os ovos *de S. haematobium* atravessam a parede do ureter ou da bexiga e saem do corpo na urina. Os pares de vermes podem permanecer no corpo durante uma média de quatro anos e meio, mas podem persistir até 20 anos. A patologia associada à esquistossomose é causada pela infiltração celular resultante dos antigénios segregados pelos ovos presos. Estes antigénios provocam uma resposta imunitária vigorosa do organismo, criando a doença, e não os próprios vermes. As manifestações clínicas agudas da esquistossomose incluem dor abdominal, febre, tosse, diarreia e hepatoesplenomegalia, enquanto os indivíduos com infecções persistentes podem sofrer de sintomas graves, como cistite e ureterite, hipertensão pulmonar e portal e cancro da bexiga

Atualmente, não existe uma vacina nem uma quimioprofilaxia para a esquistossomose. O tratamento mais eficaz para a esquistossomose é o Praziquantel, que trata as três formas da doença. O tratamento medicamentoso é eficaz para matar os parasitas já presentes no organismo, mas não previne novas infecções. Por esta razão, são frequentemente necessários tratamentos repetidos e a prevenção da transmissão é da maior importância.
A parte mais significativa do ciclo de vida da esquistossomose para este projeto é a disponibilidade de caracóis hospedeiros adequados em massas de água doce que são acessíveis aos seres humanos.

2.4 Metabolitos secundários das plantas

Os metabolitos secundários são moléculas que não são necessárias para o crescimento e a reprodução de uma planta, mas que podem ter algum papel na dissuasão de herbívoros devido à adstringência ou podem atuar como fitoalexinas, matando bactérias que a planta reconhece como uma ameaça. Os compostos secundários estão frequentemente envolvidos em interações fundamentais entre as plantas e os seus ambientes abióticos e bióticos que as influenciam (Facchini et al., 2000). Ao longo da história, os metabolitos secundários das plantas têm sido utilizados pela humanidade. Existem aproximadamente 4 classes principais de compostos secundários que são importantes para os seres humanos. As classes são os alcalóides, os fenilpropanóides, os flavonóides e os terpenóides (Edwards,1999).

As células vegetais contêm muito mais compostos do que os produzidos pelo metabolismo básico. Terpenos, ceras, alcalóides e pigmentos são apenas algumas palavras-chave que ilustram o que se pretende dizer. Por sugestão de A.KOSSEL (1891), distingue-se entre metabolismo básico e secundário. O termo metabolismo básico inclui todas as vias necessárias para a sobrevivência das células, enquanto os produtos secundários das plantas são aqueles que ocorrem geralmente apenas em células especiais e diferenciadas e não são necessários para as próprias células, mas podem ser úteis para a planta como um todo. Exemplos disso são os pigmentos e aromas das flores ou os elementos estabilizadores. Ambos os metabolismos se sobrepõem, uma vez que muitas vezes não se sabe porque é que um determinado composto é produzido. Além disso, não existe uma célula típica, pelo que alguns compostos podem ser necessários para a sobrevivência de algumas células, mas não para a de outras.

As células vegetais produzem uma grande quantidade de produtos secundários. Muitos deles são altamente tóxicos e são frequentemente armazenados em vesículas específicas ou no vacúolo. Vários estudos indicam que este tipo de armazenamento funciona, por um lado, como uma desintoxicação da própria planta e, por outro, gera um reservatório de, por exemplo, moléculas ricas em azoto. Ao contrário dos animais, estas não são excretadas pelas plantas. Alguns produtos secundários das plantas podem ser degradados de forma reversível e entram no metabolismo de base, enquanto outros não.

Embora os produtos secundários das plantas sejam muito comuns, isso não significa que todas as plantas possam produzir todos os produtos. Alguns compostos estão limitados a uma única espécie, outros a grupos relacionados. Mas quase sempre se encontram apenas em certos órgãos específicos das plantas, muitas vezes num único tipo de célula (e também num determinado compartimento). Além disso, muitas vezes são gerados apenas durante um período específico de desenvolvimento da planta.

Existem boas razões para a utilização de compostos secundários (ou, melhor ainda, grupos de compostos quimicamente semelhantes) como caraterísticas de classificação. Mas o que é verdade para outras caraterísticas morfológicas, também é verdade para estas: a presença de uma substância química numa planta é adaptativa, embora possa nem sempre ser tão clara como no caso dos pigmentos florais, da lenhina ou da cutina.

2.5 Saponinas

As saponinas são uma classe de compostos químicos, um dos muitos metabolitos secundários encontrados em fontes naturais, com saponinas encontradas em particular abundância em várias espécies de plantas. Especificamente, são glicosídeos anfipáticos agrupados fenomenologicamente pela espuma semelhante a sabão que produzem quando agitados em soluções aquosas, e estruturalmente pelo facto de serem compostos por uma ou mais partes glicosídicas hidrofílicas combinadas com um derivado triterpénico lipofílico (Hostettmann,1995). As saponinas são uma classe estrutural e biologicamente diversa de glicosídeos de esteróides e triterpenos que estão amplamente distribuídos em plantas terrestres e em alguns organismos marinhos (Deng, 2004). Um exemplo pronto e terapeuticamente relevante é o agente cardioactivo digoxina, da dedaleira comum.

2.6 Variedade estrutural e biossíntese

A aglicona (porção sem glicosídeos) das saponinas é denominada sapogenina. O número de cadeias sacarídicas ligadas ao núcleo sapogenina/aglicona pode variar, o que dá origem a uma outra dimensão de nomenclatura (monodesmosídica, bidesmosídica, etc. (Hostettmann,1995). - tal como o comprimento de cada cadeia. Numa compilação algo datada, o comprimento das cadeias de sacarídeos varia entre 1 e 11, sendo os números 2 e 5 os mais frequentes, e estando representados tanto sacarídeos de cadeia linear como de cadeia ramificada. Os monossacáridos da dieta, como a D-glicose e a D-galactose, encontram-se entre os componentes mais comuns das cadeias anexas (Hostettmann, 1995).

A aglicona lipofílica pode ser qualquer uma de uma grande variedade de estruturas orgânicas policíclicas provenientes da adição em série de unidades de terpeno com dez carbonos (C10) para compor um esqueleto de triterpeno C30 (Foerster, 2006). Muitas vezes com alteração subsequente para produzir um esqueleto esteroidal C27. O subconjunto de saponinas que são esteroidais foi denominado saraponinas; os derivados de aglicona também podem incorporar azoto, pelo que algumas saponinas também apresentam caraterísticas químicas e farmacológicas de produtos naturais alcalóides. A estrutura do alcaloide fitotóxico solanina, uma saponina esteroidal monodesmosídica, com um sacarídeo ramificado (a estrutura esteroidal lipofílica é a série de anéis de seis e cinco membros ligados à direita da estrutura da saponina, enquanto os três anéis de açúcar ricos em oxigénio estão à esquerda e abaixo).

2.1 Fontes, especialmente de plantas, e localizações

As saponinas têm sido historicamente consideradas como sendo derivadas de plantas, mas também foram isoladas de organismos marinhos (Riguera, 1997). As saponinas encontram-se, de facto, em muitas plantas (Liener,1980) e o seu nome deriva da planta sabonária (género *Saponaria,* família Caryophyllaceae), cuja raiz era utilizada historicamente como sabão. Também se encontram saponinas na família botânica Sapindaceae, com o seu género definidor *Sapindus* (soapberry ou soapnut), e nas famílias Aceraceae (maples) e Hippocastanaceae (horse chestnuts). Dentro destas famílias, esta classe de compostos químicos encontra-se em várias partes da planta: folhas, caules, raízes, bolbos, flores e frutos. As formulações comerciais de saponinas derivadas de plantas - por exemplo, da árvore da casca de sabão (ou casca de sabão), *Quillaja saponaria,* e de outras fontes - estão disponíveis através de processos de fabrico controlados, o que as torna úteis como reagentes químicos e biomédicos. O teor de saponina dos materiais vegetais é afetado pela espécie vegetal, pela origem genética, pela parte da planta que está a ser examinada, pelos factores ambientais e agronómicos associados ao crescimento da planta e pelos tratamentos pós-colheita, como o armazenamento e a transformação (Fenwick et al., 1991)

2.8 Papel na ecologia das plantas e impacto na procura de alimentos pelos animais

Nas plantas, as saponinas podem servir como anti-alimentares (Foerster, 2006) e proteger a planta contra micróbios e fungos. Algumas saponinas vegetais (por exemplo, da aveia e dos espinafres) podem melhorar a absorção de nutrientes e ajudar na digestão animal. No entanto, as saponinas têm frequentemente um sabor amargo, pelo que podem reduzir a palatabilidade das plantas (por exemplo, nos alimentos para animais).

2.9 Saponinas triterpenóides

As saponinas triterpenóides são triterpenos que pertencem ao grupo dos compostos saponínicos. Os triterpenos pertencem a um grande grupo de compostos dispostos numa configuração de quatro ou cinco anéis de 30 carbonos com vários oxigénios ligados. Os triterpenos são reunidos a partir de uma unidade de isopreno C5 através da via do mevalonato citosólico para formar um composto C30 e são de natureza esteroide. O colesterol é um exemplo de um triterpeno. Os fitoesteróis e os fitoecdisteróides são também triterpenos. Os triterpenos estão subdivididos em cerca de 20 grupos, consoante as suas estruturas específicas. Embora todos os compostos terpenóides tenham bioatividade nos mamíferos, são os triterpenos que são mais importantes para o efeito adaptogénico encontrado em plantas como o Panax ginseng ou o Eleutherococcus senticosus. A maioria dos compostos triterpenóides das plantas adaptogénicas encontra-se sob a forma de glicosídeos saponínicos, o que se refere à ligação de várias moléculas de açúcar à unidade triterpénica. Estes açúcares podem ser facilmente clivados no intestino por bactérias, permitindo que a aglicona (triterpeno) seja absorvida. (Robyn, 2004) Isto permite-lhes inserir-se nas membranas celulares (Attele, 1999) e modificar a composição, influenciar o fluido da membrana (Lee, 2003) e potencialmente afetar a sinalização por muitos ligandos e cofactores (Lindsey, 2003). Normalmente, as saponinas triterpénicas são designadas como tal pelo sufixo terminado em -side, como o ginsenosídeo ou o astragalósido, nomeados pelos géneros de plantas em que foram descobertos pela primeira vez. Algumas, como os ginsenósidos e os eleuterósidos, são designadas por Rx, em que o sufixo x= a, al, b2, indica a posição relativa das manchas de saponina de cima para baixo num cromatograma de camada fina.

CROMOTOGRAFIA EM CAMADA FINA

A cromatografia em camada fina (CCF) é uma técnica cromatográfica utilizada para separar misturas. A cromatografia em camada fina é efectuada numa folha de vidro, plástico ou folha de alumínio, que é revestida com uma camada fina de material adsorvente, geralmente sílica gel, óxido de alumínio ou celulose. Esta camada de adsorvente é conhecida como a fase estacionária.

Depois de a amostra ter sido aplicada na placa, um solvente ou uma mistura de solventes (conhecida como fase móvel) é arrastada para cima da placa por ação capilar. Uma vez que diferentes analitos ascendem à placa de TLC a diferentes velocidades, consegue-se a separação[1].A cromatografia de camada fina tem muitas aplicações, incluindo:
determinação da pureza radioquímica de produtos radiofarmacêuticos determinação dos pigmentos que uma planta contém deteção de pesticidas ou insecticidas nos alimentos análise da composição corante de fibras para fins forenses, ou identificação de compostos presentes numa dada substância monitorização de reacções orgânicas .

Rep aração de placas

As placas TLC estão normalmente disponíveis no mercado, com gamas de tamanhos de partículas normalizadas para melhorar a reprodutibilidade. São preparadas misturando o adsorvente, como o gel de sílica, com uma pequena quantidade de ligante inerte, como o sulfato de cálcio (gesso) e água. Esta mistura é espalhada como uma pasta espessa sobre uma folha de suporte não reactiva, normalmente vidro, folha de alumínio espessa ou plástico. A placa resultante é seca e *activada* por aquecimento num forno durante trinta minutos a 110 °C. A espessura da camada adsorvente é normalmente de cerca de 0,1-0,25 mm para fins analíticos e de cerca de 1-2 mm para TLC preparativa. O processo é semelhante ao da cromatografia em papel, com a vantagem de ser mais rápido, de permitir melhores separações e de permitir a escolha entre diferentes fases estacionárias. Devido à sua simplicidade e rapidez, a TLC é frequentemente utilizada para monitorizar reacções químicas e para a análise qualitativa de produtos de reação.

Aplica-se uma pequena mancha de solução contendo a amostra numa placa, a cerca de um centímetro da base. A placa é então mergulhada num solvente adequado, como o hexano ou o acetato de etilo, e colocada num recipiente selado. O solvente sobe pela placa por ação capilar e encontra a mistura da amostra, que se dissolve e é levada pelo solvente para cima da placa. Os diferentes compostos da mistura de amostras deslocam-se a ritmos diferentes devido às diferenças na sua atração pela fase estacionária e devido às diferenças de solubilidade no solvente. Alterando o solvente, ou talvez utilizando uma mistura, a separação dos componentes (medida pelo valor R_f) pode ser ajustada. Além disso, a separação obtida com uma placa de TLC pode ser utilizada para estimar a separação de uma coluna de cromatografia flash.[2]

A separação de compostos baseia-se na competição entre o soluto e a fase móvel pelos lugares de ligação na fase estacionária. Por exemplo, se for utilizada sílica gel de fase normal como fase estacionária, esta pode ser considerada polar. Dado que dois compostos diferem em polaridade, o composto mais polar tem uma interação mais forte com a sílica e é, por isso, mais capaz de expulsar a fase móvel dos locais de ligação. Consequentemente, o composto menos polar move-se mais para cima na placa (resultando num valor Rf mais elevado). Se a fase móvel for alterada para um solvente mais polar ou uma mistura de solventes, é mais capaz de dissipar os solutos dos locais de ligação à sílica e todos os compostos na placa de TLC deslocar-se-ão mais para cima da placa. Na prática, isto significa que, se utilizar uma mistura de acetato de etilo e heptano como fase móvel, a adição de mais acetato de etilo resulta em valores Rf mais elevados para todos os compostos na placa de TLC. A alteração da polaridade da fase móvel não resulta numa inversão da ordem de passagem dos compostos na placa de TLC. Se se pretender uma ordem inversa dos compostos , deve ser utilizada uma fase estacionária apolar, como a sílica funcionalizada C18.

Análise

Como as substâncias químicas a separar podem ser incolores, existem vários métodos para visualizar as manchas:

• É frequentemente adicionada ao adsorvente uma pequena quantidade de um composto fluorescente, geralmente silicato de zinco ativado com manganês, que permite a visualização de manchas sob uma luz negra (UV254). Assim, a camada adsorvente fluoresce por si só a verde claro, mas as manchas de substância a analisar apagam esta fluorescência.

• Os vapores de iodo são um reagente de cor geral inespecífico

• Existem reagentes de cor específicos nos quais a placa TLC é mergulhada ou que são pulverizados sobre a placa

• No caso dos lípidos, o cromatograma pode ser transferido para uma membrana de PVDF e depois sujeito a uma análise posterior, por exemplo, espetrometria de massa, uma técnica conhecida como Far-Eastern blotting.

Uma vez visível, o valor R_f, ou fator de retenção, de cada mancha pode ser determinado dividindo a distância percorrida pelo produto pela distância total percorrida pelo solvente (a frente do solvente). Estes valores dependem do solvente utilizado e do tipo de placa TLC, e não são constantes físicas. O eluente na camada fina é colocado no topo da placa

Aplicações

Em química orgânica, as reacções são monitorizadas qualitativamente com TLC. São colocadas na placa manchas amostradas com um tubo capilar: uma mancha de material inicial, uma mancha da mistura de reação e uma "co-mancha" com ambos. Uma placa de TLC pequena (3 por 7 cm) demora alguns minutos a funcionar. A análise é qualitativa e mostrará se o material de partida desapareceu, ou seja, se a reação está completa, se apareceu algum produto e quantos produtos são gerados (embora isto possa ser subestimado devido à co-eluição). Infelizmente, os TLCs de reacções a baixa temperatura podem dar resultados enganadores, porque a amostra é aquecida à temperatura ambiente no capilar, o que pode alterar a reação - a amostra aquecida analisada por TLC não é a mesma que está no balão a baixa temperatura. Uma dessas reacções é a redução DIBALH de um éster a aldeído.

2.10 **Cromatografia gasosa Espectrometria de massa**

A cromatografia gasosa-espetroscopia de massa (GC-MS) é uma das chamadas técnicas analíticas hifenizadas . Tal como o nome indica, trata-se na realidade de duas técnicas que são combinadas para formar um único método de análise de misturas de produtos químicos.

A cromatografia gasosa separa os componentes de uma mistura e a espetroscopia de massa caracteriza cada um dos componentes individualmente. Ao combinar as duas técnicas, um químico analítico pode avaliar qualitativa e quantitativamente uma solução que contém vários produtos químicos.

Tal como num bom casamento, tanto a cromatografia gasosa (GC) como a espetrometria de massa (MS) trazem algo à sua união. A CG pode separar compostos voláteis e semivoláteis com grande resolução, mas não os pode identificar. A EM pode fornecer informações estruturais pormenorizadas sobre a maioria dos compostos, de modo a que possam ser identificados com exatidão, mas não pode separá-los prontamente. Por conseguinte, não é surpreendente que a combinação das duas técnicas tenha sido sugerida pouco depois do desenvolvimento da CG, em meados da década de 1950. A cromatografia gasosa e a espetrometria de massa são, em muitos aspectos, técnicas altamente compatíveis. Em ambas as técnicas, a amostra encontra-se na fase de vapor, e ambas as técnicas lidam com aproximadamente a mesma quantidade de amostra (normalmente menos de 1 ng). Infelizmente, existe uma grande incompatibilidade entre as duas técnicas: O composto que sai do cromatógrafo de gás é um componente vestigial no gás de arrastamento do GC a uma pressão de cerca de 760 torr, mas o espetrómetro de massa funciona a um vácuo de cerca de 10-6 a 10-5Torr.

As utilizações do GC-MS são numerosas. São amplamente utilizadas nos domínios médico, farmacológico, ambiental e policial.

2.11 Cromatografia gasosa

Em geral, a cromatografia é utilizada para separar misturas de substâncias químicas em componentes individuais. Uma vez isolados, os componentes podem ser avaliados individualmente.

Em toda a cromatografia, a separação ocorre quando a mistura da amostra é introduzida (injectada) numa fase móvel. Na cromatografia líquida (LC), a fase móvel é um solvente. Na cromatografia gasosa (GC), a fase móvel é um gás inerte, como o hélio.

A fase móvel transporta a mistura da amostra através do que é designado por **fase estacionária**. A fase estacionária é normalmente um produto químico que pode atrair seletivamente os componentes de uma mistura de amostras. A fase estacionária está normalmente contida num tubo de algum tipo. Este tubo é designado por coluna. As colunas podem ser de vidro ou de aço inoxidável de várias dimensões.

A mistura de compostos na fase móvel interage com a fase estacionária. Cada composto da mistura interage a uma velocidade diferente. Aqueles que interagem mais rapidamente sairão (eluirão) da coluna primeiro. Os que interagem mais lentamente saem da coluna em último lugar. Ao alterar as caraterísticas da fase móvel e da fase estacionária, é possível separar diferentes misturas de químicos. Este processo de separação pode ser aperfeiçoado alterando a temperatura da fase estacionária ou a pressão da fase móvel. A CG tem uma coluna longa e fina que contém um revestimento interior fino de uma fase estacionária sólida (5% fenil-, 95% polímero de dimetilsiloxano). Esta coluna de 0,25 mm de diâmetro é designada por coluna capilar. Esta coluna específica é utilizada para compostos orgânicos semivoláteis e apolares, como os PAH. Os compostos devem estar num solvente orgânico.

A coluna capilar é mantida num forno que pode ser programado para aumentar a temperatura gradualmente (ou, em termos de GC, em rampa). Isto ajuda a separação. À medida que a temperatura aumenta, os compostos que têm pontos de ebulição baixos eluem da coluna mais cedo do que os que têm pontos de ebulição mais elevados. Por conseguinte, existem na realidade duas forças de separação distintas, a temperatura e as interações da fase estacionária mencionadas anteriormente.

À medida que os compostos são separados, são eluídos da coluna e entram num detetor. O detetor é capaz de criar um sinal eletrónico sempre que a presença de um composto é detectada. Quanto maior for a concentração na amostra, maior será o sinal. O sinal é depois processado por um computador. O tempo decorrido entre o momento da injeção (tempo zero) e o momento da eluição é designado por tempo de retenção (RT).

Enquanto o instrumento funciona, o computador gera um gráfico a partir do sinal. Este gráfico é designado por cromatograma. Cada um dos picos no cromatograma representa o sinal criado quando um composto elui da coluna de GC para o detetor. O eixo x mostra o RT e o eixo y mostra a intensidade (abundância) do sinal. Na figura 2 existem vários picos identificados com os seus RTs. Cada pico representa um composto individual que foi separado de uma mistura de amostras. O pico aos 4,97 minutos é do dodecano, o pico aos 6,36 minutos é do bifenilo, o pico aos 7,64 minutos é do clorobifenilo e o pico aos 9,41 minutos é do éster metílico do ácido hexadecanóico.

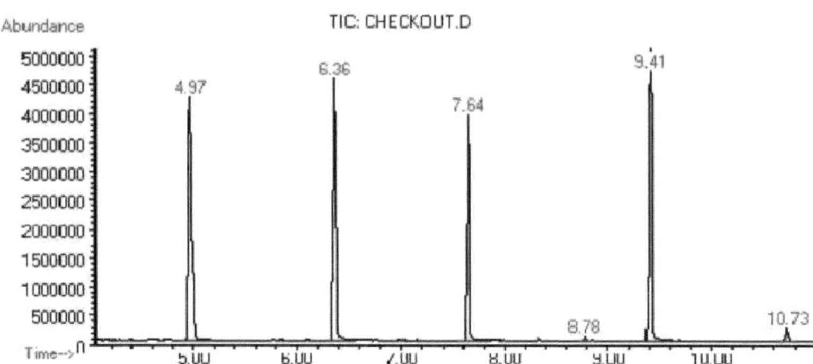

Figura 1: Cromatograma gerado por um GC.

Se as condições de GC (rampa de temperatura do forno, tipo de coluna, etc.) forem as mesmas, um determinado composto sairá sempre (eluirá) da coluna praticamente com a mesma RT. Conhecendo o RT de um determinado composto, podemos fazer algumas suposições sobre a identidade do composto. No entanto, os compostos que têm propriedades semelhantes têm frequentemente os mesmos tempos de retenção. Por conseguinte, são normalmente necessárias mais informações antes de um químico analítico poder identificar um composto numa amostra com componentes desconhecidos.

2.12 Espectroscopia de massa

À medida que os compostos individuais eluem da coluna GC, entram no detetor de ionização de electrões (espetrometria de massa). Aí, são bombardeados com uma corrente de electrões que os separa em fragmentos. Estes fragmentos podem ser pedaços grandes ou pequenos das moléculas originais.

Os fragmentos são, na realidade, iões carregados com uma determinada massa. A massa do fragmento dividida pela carga é designada por razão massa/carga (M/Z). Uma vez que a maioria dos fragmentos tem uma carga de +1, o M/Z representa normalmente o peso molecular do fragmento.

Um grupo de 4 electroímanes (chamado quadropólo) foca cada um dos fragmentos através de uma fenda para o detetor. Os quadropólos são programados pelo computador para direcionar apenas certos fragmentos M/Z através da fenda. Os restantes saltam para longe. O computador faz com que os quadropolos passem por diferentes M/Z's, um de cada vez, até que uma gama de M/Z's seja coberta. Isto ocorre muitas vezes por segundo. Cada ciclo de intervalos é designado por varrimento.

O computador regista um gráfico para cada exame. O eixo x representa os rácios M/Z. O eixo y representa a intensidade do sinal (abundância) para cada um dos fragmentos detectados durante o exame. Este gráfico é referido como um espetro de massa.

Figura 2: Espectro de massa gerado por um MS.

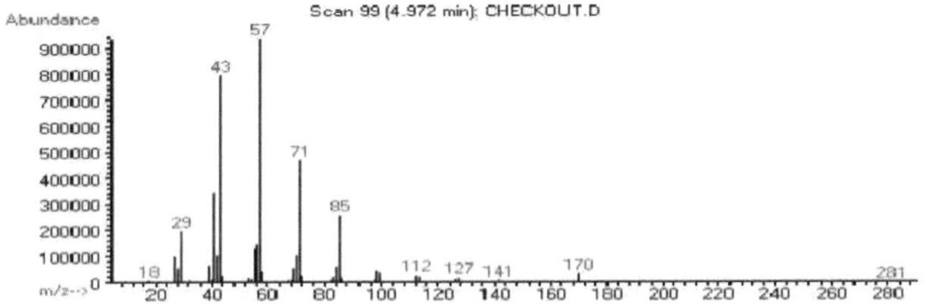

O espetro de massa produzido por um determinado composto químico é essencialmente o mesmo de cada vez. Por conseguinte, o espetro de massa é essencialmente uma impressão digital da molécula. Esta impressão digital pode ser utilizada para identificar o composto. O espetro de massa na Figura 2 foi produzido pelo dodecano. O computador do GC-MS tem uma biblioteca de espectros que pode ser utilizada para identificar um químico desconhecido na mistura da amostra. A biblioteca compara o espetro de massa de um componente da amostra e compara-o com os espectros de massa da biblioteca. Apresenta uma lista de identificações prováveis, juntamente com a probabilidade estatística da correspondência.

2.12 Cromatografia gasosa - Espectroscopia de massa

Quando a GC é combinada com a MS, é criada uma poderosa ferramenta analítica. Um investigador pode pegar numa solução orgânica, injectá-la no instrumento, separar os componentes individuais e identificar cada um deles. Além disso, o investigador pode determinar as quantidades (concentrações) de cada um dos componentes.

A Figura 3 representa um gráfico tridimensional gerado quando o GC é combinado com o MS. Tente visualizar a forma como o cromatograma se combina com o espetro de massa para produzir esta imagem. É importante que seja capaz de imaginar esta imagem 3D e traduzi-la para os gráficos 2D anteriores. (Esta imagem não é feita com os mesmos compostos das figuras anteriores.) Note que pode criar um espetro de massa ou um cromatograma fazendo a secção transversal apropriada desta imagem 3D. Tente visualizar que secção transversal produziria um espetro e qual produziria um cromatograma.

Figura 3: Representação 3D da saída GC-MS.

CAPÍTULO TRÊS
MATERIAIS E MÉTODO

3.0 Recolha de material vegetal

O material vegetal será recolhido na natureza em Zaria. (latitude 11,07N e longitude 4,28E). Este material foi levado para o herbário do Departamento de Ciências Biológicas da Universidade Ahmadu Bello, Zaria, onde foi identificado e recebeu o número de voucher

3.1 Preparação de extractos de plantas

Os materiais foram secos à sombra e triturados em pó utilizando um pilão e um almofariz. 300 g de cada uma das partes foram extraídos com metanol e 300 g de cada uma foram novamente extraídos com água e o rendimento foi determinado e registado. Resumidamente, o material vegetal em pó será embebido em metanol absoluto durante 72 horas, com agitação de vez em quando. O extrato será então concentrado num prato de evaporação. Será então armazenado até ser necessário para a experiência (Onwuliri, *et al.,* 2006).

3.2 Extração de saponina

A saponina foi determinada utilizando o método de Birk et al. (1963), modificado por Hudson e El-Difrawi (1979). Adicionaram-se 20 ml de etanol aquoso a 20% a 10 g da amostra moída e agitou-se com um agitador magnético durante 12 horas a 55°C. A solução foi depois filtrada com papel de filtro Whatman n.º 1 e o resíduo foi filtrado com papel de filtro Whatman n.º 1 e o resíduo foi filtrado com papel de filtro Whatman n.º 1. A solução foi então filtrada com papel de filtro Whatman n.º 1 e o resíduo foi reextraído com 200 ml de etanol aquoso a 20%. O extrato foi reduzido a 40 ml sob vácuo e adicionaram-se 20 ml de éter etílico numa ampola de decantação, agitando-se vigorosamente. Recuperou-se a camada aquosa e rejeitou-se a camada etérea. O pH da solução aquosa foi ajustado a 4,5 por adição de NaOH e a solução foi agitada com 60 ml de n-butanol. Os extractos butanólicos combinados foram lavados duas vezes com 10 ml de NaCl aquoso a 5% e evaporados até à secura num recipiente para obter uma saponina em bruto, que foi pesada e registada.

3.3 Rastreio fitoquímico

Foi efectuado um teste fitoquímico padrão nas amostras de plantas, utilizando o método de Trease e Evans (1989) para determinar a presença de alcalóides, flavonóides, glucósidos, saponim, taninos, phlobatannins, antroquinona, esteróides e terpenóides.

3.3.1 **Teste para alcalóides**

0,5 g de cada caldo do extrato da amostra da planta foi agitado com 5 ml de HCL aquoso a 1% num banho de vapor, foi então filtrado e o filtrado será tratado com 5 gotas do reagente de Mayer e uma segunda porção de 1 ml será tratada de forma semelhante com o reagente de Dragendorff. A turvação da precipitação com qualquer um destes reagentes indicará a presença de alcalóides (Sofowora, 2006).

3.3.2 **Teste de taninos**

Agitar 5 g de cada extrato da amostra de material vegetal com 10 ml de água destilada, filtrar e adicionar 3 gotas de solução de cloreto férrico a 5%. Um precipitado azul-esverdeado indicará a presença de taninos (Sofowora, 2006).

3.3.3 **Teste para Phlobatannins**

5g de cada extrato do material vegetal serão agitados em 10ml de água destilada; será fervido com 1% de ácido clorídrico aquoso (HCL); um precipitado vermelho indicará a presença de phlobatannins. (Sofowora, 2006).

3.3.4 **Pesquisa de flavonóides (teste de Shinda)**

5 ml da amostra de material vegetal são misturados com uma quantidade igual de etanol a 90% e agitados durante um minuto. Adicionam-se à solução 0,5 g de tornes de magnésio e 5 gotas de HCL concentrado. A cor laranja, rosa, vermelha ou púrpura indicará a presença de flavonas, flavonóis, os correspondentes derivados 2,3 dihidro, e/ou flavonóides xantonas (Sofowora, 2006).

3.3.5 **Teste para saponinas (teste de Frothing)**

Agita-se 0,5 g de cada extrato da amostra de material vegetal com 5 ml de água destilada num tubo de ensaio. A formação de espuma que persiste com o aquecimento indica a presença de saponina (<1cm: semanticamente positivo; 1,2cm: positivo; e >2cm= fortemente positivo). (Sofowara, 2006).

3.3.6 **Cromatografia de camada fina**

O alumínio pré-revestido foi utilizado para a cromatografia em camada fina. O sistema de solventes foi desenvolvido após muitas tentativas. Foi utilizado hexano, acetato de etilo e metanol na proporção de 4:4: 1. O sistema foi desenvolvido por pulverização com ácido sulfúrico (H2SO4) e fixado numa estufa durante 30 minutos.

3.4 Rastreio antimicrobiano

Para o rastreio dos micróbios, será utilizado o método de difusão em disco de (Bauer, *et al,* 1996). O disco antimicrobiano será preparado perfurando vários discos de 6 mm a partir de papel de filtro esterilizado Whatman n.º 1. 240 discos de 6 mm serão embebidos ascepticamente em diferentes concentrações dos extractos das folhas, da casca do caule e das raízes de *Balanites aegyptiaca.* O ampiclox (500 mg) e a água serão utilizados como controlo negativo e positivo para as bactérias, ao passo que para os fungos *(C. albicans).*

3.4.1 Organismos de teste

Os organismos de teste serão obtidos no Departamento de Microbiologia do Hospital de Ensino da Universidade Ahmadu Bello, em Shika:

1	*pseudomonas auregenosa (gram +)* Bactéria	
2	*Staphylococcus aureus* (gram +) Bactéria	
3	*Salmonella typhi*	*(gram -)*
4	*Escherichia coli*	*(gram -)*
5	*C. albicans*	*(Levedura.)*

3.4.2 Norma McFarland

O padrão 0,5 McFarland será preparado como descrito por Perilla (2003), adicionando 0,5 ml de cloreto de bário ($BaCl_2$) a 1% a 99,5 ml de solução de ácido sulfórico (H_2SO_4) a 1%.

3.4.3 Calibração de organismos de teste

A turvação (densidade) do padrão 0,5 McFarland será utilizada para estimar a quantidade de bactérias em cultura em caldo (cultura durante 24 horas a 37^0c) para verter em 5ml de água destilada de modo a obter uma suspensão bacteriana padrão de 1×10^8 células bacterianas m (Bauer *et. al,* 2003).

3.4.4 Diluição em série

50 mg de cada uma das concentrações de extrato (extrato aquoso e extrato etanólico) das folhas, da casca do caule e das raízes de *Balanites aegyptiaca* serão dissolvidos em água destilada e agitados vigorosamente num balão de boca larga, para preparar uma concentração de extrato de 100%. Esta solução-mãe (100%) de extrato será utilizada para preparar as

diferentes concentrações da solução-mãe (100%) de extractos, cada uma em 5 ml de água destilada.

3.4.5 Inoculação

300 placas estéreis de ágar Mueller-Hinton (20 placas x 4 agentes patogénicos x 4 Conc.) serão semeadas com uma densidade de inóculo equivalente a 0,5 McFarland standard (1×10^8 células/ml) e deixadas a secar (2-5 minutos). Em seguida, 6 discos (200%, 100%, 50% e 25% de ampiclox e água) serão colocados nas placas com uma pinça de chama e suavemente pressionados para assegurar o contacto, tal como descrito por Bauer et al (1966).

As placas serão então imediatamente incubadas a 37^0c durante 18 a 24 horas numa incubadora, após o que a zona de inibição será medida com um calibrador Vanier e registada. Todos os micróbios deste estudo serão inicialmente recolhidos em caldo nutritivo e preparados de acordo com as instruções do manual do fabricante, dissolvendo 25 g do pó de caldo nutritivo em 1000 ml de água destilada esterilizada num copo grande. A mistura será então aquecida firmemente e agitada adequadamente e, portanto, dispensada em aloquote de 5ml em frascos bijou estéreis cobertos com tampas de rosca e esterilizados a 121^0c por 20 minutos em autoclave

3.5 Concentração inibitória mínima (CIM)

O caldo nutriente será utilizado nos organismos de teste. Serão selecionados nove tubos de ensaio rotulados de 1 a 9. Cada tubo de ensaio conterá 5 ml de caldo de dupla força. Introduzir 5 ml do extrato na concentração desejada no tubo 1 e misturar bem. Transferir 5 ml do conteúdo para o tubo 2. Repete-se o procedimento para os restantes tubos até ao tubo 8. De seguida, descartam-se 5 ml do tubo 8 e o tubo 9 não contém o medicamento (controlo). A todos os tubos de ensaio será adicionada uma gota (0,02 ml) dos inóculos (cultura em caldo de 18 horas do microrganismo). Os tubos serão então incubados durante a noite, após o que serão examinados quanto à turvação (crescimento microbiano). O crescimento dos organismos será observado através de uma alteração da turvação. A concentração inibitória mínima dos extractos é a concentração mais pequena capaz de inibir o crescimento de um determinado inóculo do microrganismo. O tubo de ensaio que apresenta crescimento mas tem uma solução límpida representa a CIM. Este procedimento será efectuado para todos os organismos (Scott 1989).

3.6 **Concentração Bacterocida** Mínima (CBM)

Isto será efectuado após o resultado da CIM. Será determinado selecionando primeiro os tubos que não apresentam crescimento durante a determinação da CIM. Uma alça de arame estéril de cada um destes tubos será subcultivada sobre a superfície de placas de Petri sem extrato e incubada durante 24 horas a 37^0c, após o que será observado o crescimento. A concentração mais baixa para a qual não se observa crescimento na placa será registada como o MBC (Scott, 1989).

3.7 **Bioensaio moluscicida**

3.7.1. **Recolha de espécies de caracóis**

Três espécies de moluscos *Biomphalaria glabrata, Bullinus globosus* e *Lymnae sp. foram* recolhidas em lagos artificiais em Dumbin Dutse e transportadas num contentor de plástico para o Departamento de Ciências Biológicas da Universidade Ahmadu Bello, em Zaria, onde foram separadas em adultas e juvenis com base no seu tamanho em mm. Para o efeito, utilizou-se um medidor de parafuso com micrómetro. Para Bulinus, 5-10 mm são considerados adultos e 2-4 mm são considerados juvenis. Para Biomphalaria, 3-5 mm são considerados juvenis e 6-10 mm são considerados adultos. Para Lymnae, 2-5mm são juvenis e 8-13mm são considerados adultos, tal como descrito por Edward, (2007).

Cada espécie foi imersa em diferentes concentrações do extrato, tanto do extrato metanólico da raiz como do extrato metanólico do caule, variando entre 2,5mg/l e 40mg/l. Os caracóis foram então colocados nas diferentes concentrações, 10 por concentração, em duplicado. Após 24 horas, foram lavados e depois transferidos para recipientes limpos contendo água da torneira e deixados a recuperar durante 24 horas. Os animais que não mostravam qualquer sinal de vida após o período de recuperação eram considerados mortos, ou seja, não mostravam qualquer sinal de movimento que pudesse ser provocado pela projeção mecânica da cabeça e do pé (Evans, et, al. 1986). A taxa de mortalidade foi determinada e registada para cada espécie.

As LC50 e LC 95 foram determinadas utilizando a probabilidade probit como o valor da percentagem de mortalidade em relação ao logaritmo da concentração do extrato. A CL50 é a concentração do extrato que mata 50% dos moluscos.

CAPÍTULO QUATRO

RESULTADOS

4.1 Rendimento **dos extractos**

O rendimento da casca do caule do extrato metanólico de balaninite aegyptiaca é de 3,70%, enquanto o da raiz é de 13,90%. A saponina (fração n-butanol) da casca do caule tem o menor rendimento de 47,2% e a saponina da raiz tem o maior rendimento de 49,7, mas a diferença não é significativa a p > 0,05.

4.2 **Rastreio fotoquímico.**

O rastreio fitoquímico do extrato aquoso e metanólico das folhas, do caule e da raiz de B.aegyptiaca indica a presença de saponina em todas as partes da planta e no solvente, a ausência de alcalóides e a presença de flavonóides em todos os extractos, exceto no extrato metanólico da raiz. Os esteróides estão ausentes em todos os extractos, exceto no extrato metanólico da folha, enquanto os triterpenos estão presentes em todos os extractos, exceto no extrato metanólico da folha. O resultado do rastreio fotoquímico é apresentado no quadro 1 abaixo.

Quadro 4.1

PHYTOCHEMICAL SCREENING RESULT.					Root Extract	
	Leave Extract		Stem-bark			
Test 4 CHO	Methanol	Aqueous	Methanol	Aqueous	Methanol	Aqueous
Molish test	Positive	Positive	Positive	Positive	Positive	Positive
Fehling Test	Positive	Positive	Positive	Positive	Positive	Positive
test $ alkaloid						
Mayer"s Test	Negative	Negative	Negative	Negative	Negative	Positive
Tanic Acid Test	Negative	Negative	Negative	Negative	Negative	Positive
Dragendoff Test	Negative	Negative	Negative	Negative	Negative	Negative
Picric Acid Test	Negative	Negative	Negative	Negative	Negative	Negative
TEST $ TANINS						
Lead sub-acetate	Positive	Positive	Positive	Positive	Positive	Positive
Feric Chloride Test	Cond. +	Cond. +	Positive	Positive	Positive	Positive
FLAVONOIDS						
Shinoda"s Test	Positive	Positive	Positive	Negative	Positive	Positive
NaOH Test	Positive	Positive	Positive	Negative	Positive	Positive
STEROIDS& TRITEP.						

Steroids.	Positive	Negative	Negative	Negative	Negative	Negative
Triterpenes	Negative	Positive	Positive	Positive	Positive	Positive
SAPONINS						
Frothings Test.	Positive	Positive	Positive	Positive	Positive	Positive
CARDIAC GLYCOSIDE						
Keller Killian Test	Positive	Positive	Positive	Positive	Positive	Positive
Kadde Test	Positive	Positive	Positive	Positive	Positive	Positive
Solkwiskis Test	Positive	Positive	Positive	Positive	Positive	Positive
ANTHRAQUINONE S						
Free	Negative	Positive	Positive	Negative	Positive	Negative
Combine	Negative	Positive	Positive	Negative	Negative	Negative
GLYCOSIDE						
Fehling Test	Positive	Positive	Positive	Positive	Positive	Positive
Ferric Chloride	Negative	Negative	Negative	Negative	Negative	Negative

4.3. Cromatografia em camada fina

A cromotografia em camada fina do extrato metanólico das folhas, da casca do caule e da raiz de *Balanite aegyptiaca* mostra que a primeira mancha (A) é de 1,0 cm para todas as partes. A casca do caule e as raízes têm seis (6) manchas cada, enquanto as raízes têm três manchas. O valor mais elevado de rf foi de 1,00 cm para todas as partes. O caule tem o valor rf mais baixo de 0,7 na mancha E., como mostra o quadro 2 abaixo

Quadro 4.2

	Rf Value(Leaves)	Rf Value(Stem)	Rf Value(Roots)
Spot A	1.00	1.00	1.00
Spot B	0.58	0.82	0.80
Spot C	0.25	0.67	0.45
Spot D	--	0.17	0.10
Spot E	--	0.7	0.8

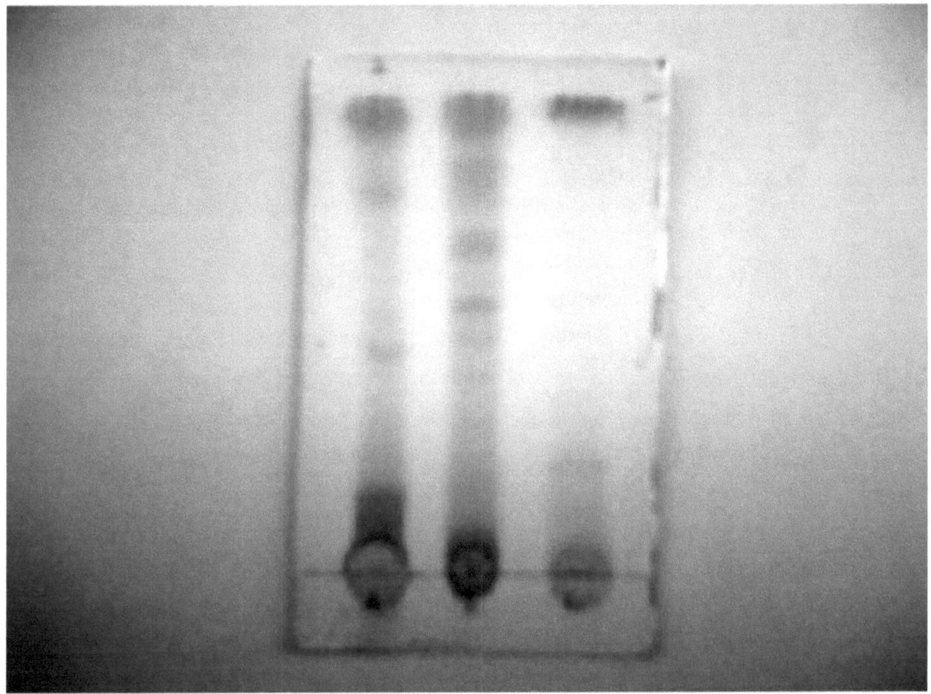

O sistema de solventes utilizado é o acetato de etilo (Eto Ac), clorofórmio (CHcl3), metanol (MeOH :) e água (H20) na proporção de 15 : 8 : 4 : 1, respetivamente.

4.4 Efeito antimicrobiano dos extractos de B. aegyptiaca

Os extractos aquosos e metanólicos das folhas, da casca do caule e das raízes de *B. aegyptiaca* foram avaliados contra 5 microrganismos, *S. aureus, S. typhi, E. coli, P. aureginosa* e *C. albicans, a uma* concentração que varia entre 400 mg/ml e 20 mg/ml. Todos os extractos não mostram qualquer atividade contra os organismos testados, exceto os extractos aquosos das folhas, casca do caule e raízes que mostraram atividade contra *C. albicans* a uma concentração superior a 100mg/l. O resultado da atividade é apresentado na tabela 4.4 abaixo:

Tabela 4.4: Efeito antimicrobiano dos extractos de *Balanites aegyptiaca*

Microbs	LME	LAE	SME	SAE	RME	RAE	Control
S. aureus	--	--	--	--	--	--	+
S.tyhpi	--	--	--	--	--	--	+
E. coli	--	--	--	--	--	--	+
P. aureginosa	--	--	--	--	--	--	+
C. albicans	--	+	--	+	--	+	+

LME= Extrato metanólico das folhas, LAE= Extrato aquoso das folhas, SME= Extrato metanólico do caule, SAE= Extrato aquoso do caule, RME= Extrato metanólico da raiz, RAE= Extrato aquoso da raiz. -- = Sem atividade, += Mostra atividade.

4.5 Percentagem de mortalidade das espécies de moluscos

O resultado mostra que existe uma mortalidade de 100% em todas as espécies de caracóis a uma concentração de 20mg/l para os extractos metanólicos do caule e da raiz de B.aegyptiaca, exceto na *Biomphalaria* adulta, onde foi registada uma mortalidade de 90% a essa concentração. A menor percentagem de mortalidade foi registada a 2,5 mg/l. *A Biomphalaria* adulta e o juvenil de *lymnae* Sp têm a menor percentagem de mortalidade de 20%, enquanto a maior percentagem de mortalidade de 60% foi registada no *Bulinus* juvenil e no *lymnae* adulto no extrato metanólico bruto da raiz. No extrato metanólico bruto do caule, o *Bulinus* juvenil registou a maior percentagem de mortalidade de 45% a 2,5mg/l.

Não foi registada qualquer percentagem de mortalidade para a espécie *Biomphalaria* (adulta e juvenil) na fração de saponina bruta do caule a 2,5mg/l. Foi registada uma mortalidade de 100% para todas as espécies a 10mg/l, exceto para a espécie *Biomphalaria* juvenil que registou uma mortalidade de 90%. Os juvenis *de Bulinus* registaram 65% de mortalidade a 2,5mg/l, enquanto os juvenis *de Lymnae* registaram a maior % de mortalidade de 100% a 2,5mg/l.

A saponina bruta da raiz teve uma tendência semelhante na percentagem de mortalidade das espécies de caracóis. Todas as espécies de caracóis registaram 100% de mortalidade a 10mg/l. A *Biomphalaria* adulta registou a menor percentagem de mortalidade de 0% a 2,5mg/l, enquanto os juvenis de *Bulinus* registaram a maior (90%). As espécies *Lymnae* adultas e juvenis registaram uma percentagem de mortalidade de 70% a 2,5mg/l.

Utilizando a percentagem probit para a percentagem de mortalidade e o logaritmo da concentração, foi avaliada a concentração em que 50% e 90% das espécies de caracóis foram mortas pelos extractos (CL50 e CL90). A CL 50 para a Biomphalaria juvenil foi a mais elevada, 5,2 mg/l, enquanto que a CL 50 para a Biomphalaria adulta foi a mais baixa (4,7 mg/l). A diferença entre a CL 50 para o extrato metanólico bruto do caule de B. aegyptiaca não foi estatisticamente significativa entre as espécies a p > 0,05, como se mostra na tabela 3.

Tabela 4.3 LC 50 para o extrato metanólico do caule bruto em espécies de caracóis

SNAIL SPECIES	LC 50 VALUES	LC 90 VALUES	SLOPE
Biomphalaria (Adult)	4.7	6.0	3.464577
Biomphalaria (juvenile)	5.2	6.45	2.96742
Bulinus (Adult)	4.8	6.0	3.300046
Bulinus (Juvenile)	4.83	6.45	3.069654
Lymnae (Adult)	4.81	6.01	3.187699
Lymnae (Juvenile)	4.8	6.01	3.294477

Também se avaliou a CL 50 do extrato metanólico bruto da raiz de B.aegyptiaca nas espécies de caracóis. O Bulinus adulto e o Biomphalaria juvenil tiveram a CL 50 mais baixa de 4,7 mg/l. O juvenil de Bulinus tem a maior LC 50 de 5,3mg/l, embora a diferença não seja estatisticamente significativa a p > 0,05. Isto é mostrado na tabela 4 abaixo.

Tabela 4.4. LC 50 para o extrato metanólico de raiz bruta em espécies de caracóis

Snail Species	LC 50 Values	LC 95 Values	Slope
Biomphalaria (Adult)	4.8	5.7	2.519074
Biomphalaria (Juvenile)	4.7	6.0	3.253756
Bulinus (Adult)	4.7	6.0	3.253823
Bulinus Juvenile	5.3	6.3	2.687265
Lymnae (Adult)	5.2	6.2	2.687255
Lymnae (Juvenile)	4.9	6.0	3.07899

A fração de saponina do caule bruto teve mais efeito sobre as espécies de caracóis a uma concentração muito mais baixa. Os juvenis *de Biomhalaria* registaram a menor LC 50 de 1,4mg/l, enquanto os juvenis de *Lymnae* registaram a maior LC 50 (8mg/l). Os juvenis e os adultos de *Bulinus* registaram uma CL 50 de e 5,7, respetivamente, como mostra a tabela 4.5 abaixo:

Tabela 4.5. LC 50 para a fração **de saponina do caule bruto** em espécies de caracóis

Snail Species	LC 50 Values	LC 95 Values	Slope
Biomphalaria (Adult)	1.6	4.8	6.317504
Biomphalaria (Juvenile)	1.4	4.2	6.827358
Bulinus (Adult)	6.2	7.2	1.802472
Bulinus (Juvenile)	5.7	6.8	2.39796
Lymnae (Adult)	6.0	7.0	1.883933
Lymnae (Juvenile)	8.0	--	0

A Tabela 4.6 e 4.7 mostra uma diferença significativa na LC 50 de *Biomphalaria* adulta e juvenil nos quatro extractos. *As* saponinas do caule e da raiz têm a menor CL 50 de 1,4 mg/l e 1,6 mg/l para o juvenil e o adulto, respetivamente. (5,2mg/l)

Tabela 4.6. LC 50 0dos extractos em adultos de *Biomphalaria Sp*

Sample Extracts	LC 50	Slope
Crude Stem Methanolic extract	4.7	3.464577
Crude Root methanolic extract	**4.8**	**2.519074**
Crude stem saponin fraction	1.6	**6.317504**

Tabela 4.7. LC 50 dos extractos em **Juvenis** *de Biomphalaria* Sp

Sample extracts	LC 50	Slope
Crude stem methanolic extract	5.2	2.96742
Crude root methanolic extract	4.7	3.253756
Crude stem saponin fraction	1.4	6.827358
Crude root saponin fraction	4.1	3.422237

As tabelas 4.8, 4.9, 4.10 e 4.11 mostram a CL 50 para Bulinus adulto e juvenil e Lymnae adulto e juvenil, respetivamente, sob tratamento com os quatro extractos.

LC 50 dos extractos em adultos de *Bulinus* sp

Sample extracts	LC 50	Slope
Crude stem methanolic extract	4.8	3.300046
Crude root methanolic extract	4.7	3.253823
Crude stem saponin fraction	6.2	1.802472
Crude root saponin fraction	5.7	1.884796

LC 50 dos extractos em juvenis *de Bulinus* Sp

Sample extracts	LC 50	Slope
Crude stem methanolic extract	4.8	3.069654
Crude root methanolic extract	5.3	2.687265
Crude stem saponin fraction	5.7	2.39796
Crude root Saponin fraction	6.5	1.201608

CL 50 dos extractos em adultos de *Lymnae* sp

Sample extracts	LC 50	Slope
Crude stem methanolic extract	4.8	3.187699
Crude root methanolic extract	5.2	2.687255
Crude stem saponin fraction	6.0	1.883933
Crude root saponin fraction	5.6	2.450727

LC 50 dos extractos em juvenis *de Lymnae* sp.

Sample extracts	LC 50	Slope
Crude stem methanolic extract	4.8	3.294477
Crude root methanolic extract	4.9	3.07899
Crude stem saponin fraction	8.0	0
Crude root methanolic fraction	5.9	2.20582

4.6. **Cromatografia em fase gasosa -Espectrometria** de massa

A saponina (fração N-butanol) do caule e das raízes de B. aegyptiaca foi submetida a análise por cromatografia gasosa - espetrometria de massa, modelo GCMS-QP2010 PLUS SHIMADZI, JAPÃO, com uma coluna de 0.25diametro e 30mm de comprimento, à temperatura de forno da coluna de 60,0 °C e uma temperatura de injeção de 250,00 °C e uma pressão de 100,2 kPa, um fluxo de coluna de 1,61mL/min e um fluxo total de 6,2 mL/ min. Foram obtidos os cromatogramas abaixo. Figura 3. Para a saponina do caule e figura 4. Para a saponina das raízes.

Figura 4.3. Cromatograma GC-MS da saponina da raiz de *B. aegyptiaca.*

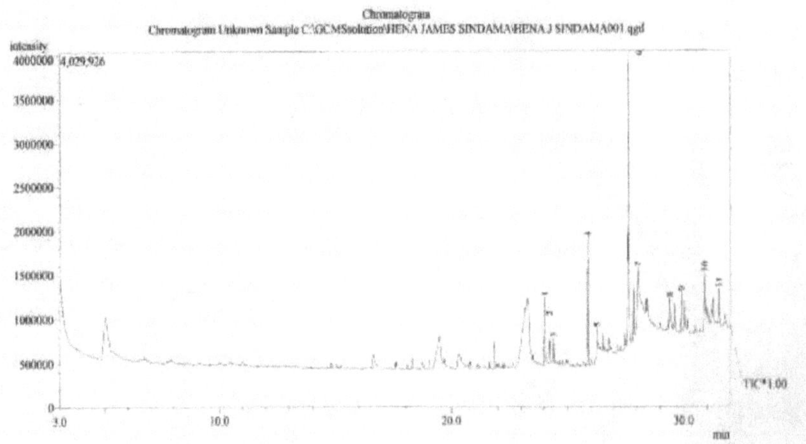

Resultado de GC MC da saponina (fração n-butanol) das **raízes** de *Balanite aegyptiaca*

Line	Compound Name	Formular	Mol. weight	Retention time (Min.)	Similarity index(%)
1.	4-(AE)-3-Hydroxy-1-propanyl-2-methoxyphenol	C10H12o3	180	24.025	82
2.	1-methyl-4-(2-methyloxiranyl-p-methan.	C10H16O2	168	24.233	78
3.	1-Nanodecene#	C19H33	266	24.408	92
4.	Hexadecanoic acid (palmitic acid)	C17H34O2	270	25.892	94
5.	n-Hexadecanoic acid	C16H32O2	256	26.292	88
6.	15-Octadecanoic acid*	C19H36O2	296	27.642	90
7.	9-octadecanoic acid	C18H34O2	282	28.050	88
8.	Hexadecanoic acid	C35H68O5	568	29.400	81
9.	Octadec-9-enoic acid	C18H34O2	282	29.908	86
10.	1,2,3,-propannetriyl ester.	C57H104O6	884	30.892	84
11.	Di-n-octtylphthalate	C24H3804	390	31.508	85

*Composto com pico de massa mais elevado de 109 e pico de base de 55,00. # Pico de menor massa de 37 e pico de base de 97.

Figura 4.4. GC-MS da saponina do caule de *B. aegyptiaca*

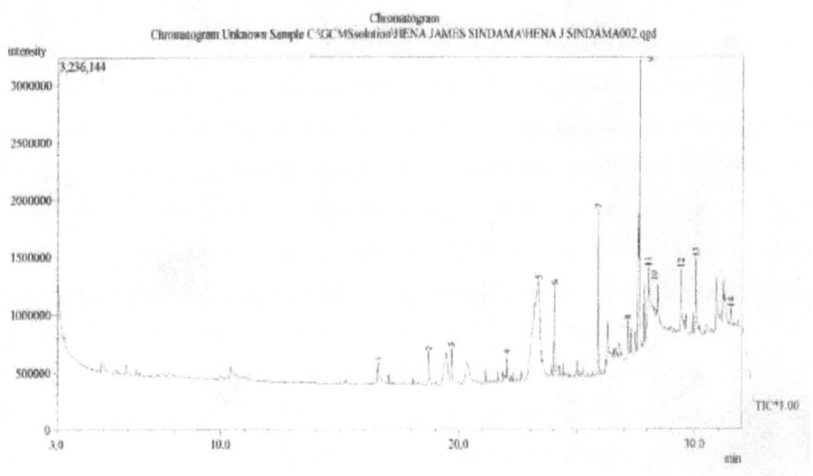

Resultado de CG-EM da fração n-butanol do **caule** de *B. aegyptiaca*

Line	Compound Name	Formular	Mol. weight	Retention time (Min.)	Similarity index(%)
1.	2-methoxy-4-vinylphenol phenol	C9H10O2	150	16.600	83
2.	Benzaldehyde	C8H8O3	152	18.708	77
3.#	Phenol, 2-methoxy-4-(2-propenyl)-acetate	C12H14O3	206	19.683	80
4.	Ethanone, 1-(4hydroxphenyl)-	C9H10O3	166	22.008	74
5.	Alpha-d-6,3-furanose				
6.	4-((3-hydroxy-1-propenyl)-2-methoxyphenol	C10H12O3	180	24.025	81
7.	Hexadecanoic acid	C17H34O2	270	25.892	94
8.	2-Butanone	C13H22O	194	27.158	81
9.*	9-decanoic acid (Z)	C19H36O2	296	27.642	93
10.	Octadecanoic acid	C19H38O2	298	27.850	93
11.	13-Octadecenal	C18H34O	266	28.042	81
12.	Tetradecanoic	C30H60O2	452	29.400	52
13.	9-Octadecenamide	C18H35N0	281	30.025	89
14.	Di-n-octylphalate	C24H38O4	390	31.517	79

*Composto com o pico de massa mais elevado de 107 e um pico de base de 55,00. #Composto com pico de massa mais baixo de 35 e pico de base de 103.

Compostos comuns à fração n-butanol da raiz e do caule

S/N	Name of Compound	Formular	Mol. weight	Retention Time(Min)
1.	Hexadecanoic acid (palmitic acid)	C17H34O2	270	25.892
2.	4-(AE)-3-Hydroxy-1-propanyl-2-methoxyphenol	C10H12O3	180	24.025
3.	9-octadecanoic acid *	C18H34O2	282	28.050
4.	Di-n-octylphalate	C24H38O4	390	31.517

*Com o pico de massa mais elevado de 107 e um pico de base de 55

CAPÍTULO CINCO

DISCUSSÃO

A presença de fitoquímicos nas partes de Balanites aegyptica foi relatada por muitos investigadores, este estudo confirmou a presença de flavonóides, soponinas, taninos e glicosídeos em todas as partes da planta. Isto está de acordo com o trabalho de Kubmarawa, (2007), que relatou a presença dos mesmos no extrato ehanólico da raiz. Doghari et, al. (2007), relataram a ausência de flavonóides no extrato aquoso da folha de *B. aegyptiaca*, o que pode dever-se às condições ambientais ou ao estádio de desenvolvimento da planta. A saponina esteroidal, tal como relatada neste estudo, também está de acordo com as conclusões de freshpatent.com (2007), que relatou saponina esteroidal no fruto de B.aegyptiaca. saponinas com diosgenina como aglicona (MW 414, também encontrada numa forma hidratada de MW 432) e glucose (Gluc), ramnose (Rham) e xilose (Xyl) como unidades de açúcar ligadas a ela. Wiesman,(2003) também comunicou a presença de saponina esteroide no mesocarpo do fruto de B. aegyptiaca, que foi utilizada como agente contra *Aedes aegypti e Culexpipiens* em Isreal.

A Tabela 4.2 mostra a placa TLC dos extractos metanólicos das folhas, da casca do caule e da raiz de Balanites aegyptiaca. O caule e as raízes apresentaram 5 pontos, enquanto as folhas apresentaram apenas três, todos com o último ponto a um valor de rf de 1,00 cm. O caule tem a próxima mancha mais alta e a mais baixa com um valor rf de 82 e 0,7 respetivamente. As folhas apresentaram inicialmente mais manchas que depois desapareceram. Estes podem ser pigmentos nas folhas que podem ter-se volatilizado após algum tempo. $Isto não está em conformidade com o resultado do rastreio fitoquímico. As raízes e a casca do caule podem ter outras manchas que não eram visíveis a olho nu e podem necessitar da utilização de luz UV para serem corretamente visualizadas, e também os solventes utilizados podem não ser adequados para que alguns dos compostos presentes nas partes da planta sejam expressos na placa de camada fina.

Os extractos aquosos e metanólicos das folhas, da casca do caule e das raízes de *Balanite aegyptiaca* não mostraram qualquer efeito antimicrobiano contra *P.aureginosa, E.coli, S. typhi, s.aureus*. Apenas o extrato aquoso da folha, do caule e das raízes inibiu o crescimento de candida albicans a uma concentração superior a 100mg/ml. Este resultado não está de acordo com as conclusões de Doughari et, al. (2007) que referiram que os extractos aquoso e etanólico das folhas de B. aegyptiaca inibiram o crescimento de S. typhi a uma concentração de 20mg/ml. Kubmarawa et,al. (2007), referiram que a casca do caule de *B. aegyptiaca* inibia o crescimento *de E. coli* e *S. aureus,* mas também *de C. albicans,* a que a presente investigação considera que são susceptíveis. Estas disparidades podem ser atribuídas a alterações nas condições ambientais que podem afetar a produção de metabolitos secundários na planta; também a fase de desenvolvimento da planta pode ser responsável pela ausência de alguns dos metabolitos secundários que podem ser responsáveis pelo efeito antimicrobiano. Foi relatado que a produção de metabolitos secundários é aumentada ou reduzida por muitos factores abióticos, incluindo a sazonalidade, o nível de micro e macro nutrientes, as tensões osmóticas (seca e salinidade) e a intensidade da luz. (Waterman e Mole, 1989).

O resultado mostra que existe uma mortalidade de 100% em todas as espécies de caracóis a uma concentração de 20mg/l para os extractos metanólicos do caule e da raiz de B.aegyptiaca, exceto em *Biomphalaria* adulta, onde foi registada uma mortalidade de 90% a essa concentração. A menor percentagem de mortalidade foi registada a 2,5 mg/l. *A Biomphalaria* adulta e o juvenil de *lymnae* Sp têm a menor percentagem de mortalidade de 20%, enquanto a maior percentagem de mortalidade de 60% foi registada no *Bulinus* juvenil e no *lymnae* adulto no extrato metanólico bruto da raiz. No extrato metanólico bruto do caule, o *Bulinus* juvenil registou a maior percentagem de mortalidade de 45% a 2,5mg/l.

Não foi registada qualquer percentagem de mortalidade para a espécie *Biomphalaria* (adulta e juvenil) na fração de saponina bruta do caule a 2,5mg/l. Foi registada uma mortalidade de 100% para todas as espécies a 10mg/l, exceto para a espécie *Biomphalaria* juvenil que registou uma mortalidade de 90%. Os juvenis *de Bulinus* registaram 65% de mortalidade a 2,5mg/l, enquanto os juvenis *de Lymnae* registaram a maior % de mortalidade de 100% a 2,5mg/l.

A saponina bruta da raiz teve uma tendência semelhante na percentagem de mortalidade das espécies de caracóis. Todas as espécies de caracóis registaram 100% de mortalidade a 10mg/l. Os adultos de *Biomphalaria* registaram a menor percentagem de mortalidade de 0% a 2,5mg/l, enquanto os juvenis de *Bulinus* registaram a maior (90%). As espécies *Lymnae* adultas e juvenis registaram uma percentagem de mortalidade de 70% a 2,5 mg/l.

A Tabela 4.3. mostra a LC 50 e LC95 para o extrato metanólico bruto do caule contra as espécies de caracóis mostra que o *Bulinus* sp. juvenil tem os valores LC 50 e LC 95 mais elevados de 5,3 e 6,3 respetivamente, enquanto o Biomphalaria juvenil e o *Bulinus* adulto têm os valores LC 50 e LC 95 mais baixos de 4,7 e 6,0 respetivamente. Este resultado mostra que os juvenis de *Biomphalaria* necessitam de uma maior concentração do extrato para os matar, em comparação com as outras espécies de caracóis.

Quando submetido a uma análise de variância (ANOVA), não mostrou diferença significativa nos valores LC 50 entre as espécies de caracóis a P>0,05.

A CL 50 e a CL 95 do extrato metanólico bruto da raiz apresentaram uma tendência semelhante à do extrato metanólico bruto do caule. Os juvenis *de Biomphalaria* apresentaram os valores mais elevados de CL 50 e CL 95 de 5,3 e 6,3, respetivamente, seguidos das espécies de *Lymnae* com 4,7 e 6,0, respetivamente. As espécies *Bulinus* adultas e *Biomphalaria* juvenis apresentaram os valores mais baixos de CL 50 e CL 95 de 4,7 e 6,0, respetivamente. Embora as diferenças não sejam estatisticamente significativas a P> 0,05. Estes resultados podem ser atribuídos à presença dos mesmos compostos químicos na raiz e na casca do caule de *B.aegyptiaca*, com referência ao resultado do rastreio fitoquímico da planta.

A fração de saponina do caule e da raiz de *B.aegyptiaca* não teve um desempenho melhor do que o extrato bruto do caule e das raízes de *B.aegyptiaca*, exceto em *Biomphalaria* juvenil e adulta, onde a LC 50 desceu para 1,4 e 1,6 respetivamente, mas a diferença não é significativa a P>0,05. Isto confirma a saponina como o composto secundário responsável pela atividade moluscicida em *B. aegyptiaca*. Isto está de acordo com os resultados de Archibald (1933) que descreveu as suas investigações no Sudão sobre a atividade de *Balanites aegyptiaca* para matar miracídios, cercárias e caracóis vectores da esquistossomose. O mesmo autor verificou que o fruto, a amêndoa, a casca e os ramos da planta tinham uma atividade moluscicida e sugeriu que esta atividade se devia provavelmente à presença de saponina. Bashir *et al.* (1984) confirmaram a atividade moluscicida da saponina extraída de Balanites aegyptiaca. Ambos os autores concordaram com estas conclusões, mostrando que a saponina de Balanites era utilizada contra caracóis *Bulinus truncatus, Biomphalaria glabrata e Lymnae sp.* em condições laboratoriais. Liu e Nakanishi (1982) e Nakanishi (1982) isolaram e caracterizaram três saponinas moluscicidas denominadas Balanitinas. 1, 2 e 3 a partir de extractos aquosos de metanol de *B. aegyptiaca*. Estes compostos contêm yamogenina como aglicona, mas diferem uns dos outros no número e tipos de açúcares presentes na porção glicosídica.

A análise por cromatografia gasosa - espetrometria de massa da saponina da raiz e do caule de Balanite aegyptiaca revelou 11 e 14 compostos, respetivamente, com o ácido oleico (ácido 15- octadecenóico e ácido 9- octadecenóico) com a concentração mais elevada com base no pico de massa. Isto concorda com a descoberta de Herskowitz, et, al() que relatou a mistura de combustível biodiesel de Balanite aegyptiaca , compreendendo uma mistura de ésteres etílicos de ácido palmítico (12-18%), ácido esteárico (11-15%), ácido oleico (22-27%) e ácido linoleico (44-49%). Estes compostos são considerados irritantes, segundo a ficha de dados da Mallinckrodt Baker Chemical Inc. Isto pode explicar o comportamento das espécies de caracóis quando imersas nas diferentes concentrações do extrato, tendo-se observado que tentavam escapar ao efeito destes compostos.

Foi relatado que a saponina triterpenóide, o ácido oleicnólico e o glucósido são biodegradáveis, provavelmente por ação bacteriana, quando suspensos em água durante alguns dias, perdendo a sua potência moluscicida. (McCollough et, al.1980), o que confere à planta a vantagem de ser um moluscicida amigo do ambiente.

CONCLUSÃO

Foram testados metabolitos secundários presentes tanto no extrato aquoso como no metanólico e em todas as partes da planta. Os extractos aquoso e etanólico das folhas, da casca do caule e da raiz de *Balanite aegyptiaca* não inibiram o crescimento de *S.aureus, S. typhi, E.coli* e *P. aureginosa, mas* o extrato aquoso inibiu o crescimento *de C. albicans*. No bioensaio moluscicida, o extrato em *B.glabrata, B, truncatus e Lymnae sp.* mostra o LD50 que varia entre 1,4 - 8,0, mas não houve diferença significativa a P>0,05 no valor LC 50 entre as espécies de caracóis. A análise GC-MS da fração de saponina da casca do caule e das raízes mostrou que o ácido oleico é o mais concentrado na fração e pode ser responsável pela atividade moluscicida da planta em sinergia com alguns outros compostos presentes.

RE LOUVOR

* Devem ser realizados estudos para avaliar os factores abióticos que influenciam a produção de metabolitos secundários em B.aegyptiaca.
* Devem ser efectuados estudos de campo para avaliar o desempenho moluscicida da saponina *de B. aegyptiaca* em condições de campo.
* Devem ser realizados estudos exaustivos para avaliar o impacto do extrato de *B. aegyptiaca* em organismos aquáticos não visados.

REFERÊNCIAS

Adewunmi, C.O. e Furu, P. (1989). Avaliação de aridanina, um glicosídeo, e Aridan, um extrato aquoso de frutos *de Tetrapleura tetraptera*, em *Schistosonia mansoni* e *S.bovis*, J. Ethnopharmacol., 27 (3): 277-283.

Adewunmi, C.O., Gebremedhin, G., Becker, W., Olorunmola, F.O., Dorfler, G. e Adewunmi, T.A. (1993). Schistosomiasis and intestinal parasites in rural villages in Southwest Nigeria: Uma indicação para um programa alargado de distribuição de medicamentos e um programa de controlo integrado na Nigéria, Trop. Med. *Parasitol.* 44:177-180.

Aladesanmi, A. J., (2007). Tetrapleura Tetraptera: atividade moluscicida e constituintes químicos. Uma revisão. *Jornal Africano de Medicina Tradicional, Complementar e Alternativa. 4: 1, pp. 23-36*

Applebaum SW, Marfo S, Birk Y (1969). As saponinas como possíveis factores de resistência das sementes de leguminosas ao ataque de insectos. *J. Agric. Food Chem.* 17: 618-620.

Arbonier M. (2002) Trees, Shrub and Lianas of West African dry zones. Países Baixos: Girad Margraf Publishers. pp. 189-426.

Attele, Anoja S., Wu, Ji Ann e Yuan, Chun-Su, (1999). Commentary: Ginseng pharmacology. Múltiplos constituintes e múltiplas acções. *Biochemical Pharmacology*, 58, 1685-1693.

Awe, S.O., Adewunmi, C.O., Iranloye, T.A., Ojewole, J.A., e Olubunmi, P.A. (1995). Avaliação toxicológica de Aridan, *Tetrapleura tetraptera* (Mimosaceae), um moluscicida. *Toxicol. Química Ambiental* 51:61-68.

Bashir, A. K., ElKheir, Y. M., Ahmed, E. M. e Suliman, S. M. (1984). Investigação da atividade moluscicida de certas plantas sudanesas utilizadas na medicina popular. A primeira Conferência Árabe sobre Plantas Medicinais. Cairo Eygpt.

Batchelder, T. (2004). A antropologia química das plantas antimicrobianas. Townsent letters to Doctors and Patients. Thompson e Gale. Ltd.

Bauer, A.W., Kirby, M.D.K., Sherras, J.C. e Trick, M (1986). Teste de suscetibilidade aos antibióticos através do método de difusão de disco único padrão. *American journal of clinical patholology* 45:4-496.

Boulos, L. (1992). *Medicinal Plants of North Africa (Plantas Medicinais do Norte de África)*. Reference Publication Inc. p. 286.

Borris, R.P.(1996) Natural Products Research: Perspetiva de uma grande empresa farmacêutica. *J. Ethnopharmacology*. 51:29-38.

Clark, T. E. e Appleton, C. C. (1997). A atividade moluscicida de *Apodytes dimidiata* E. Meyer ex Arn (Icacinaceae) *Gardenia thunbergia* L.F. (Rubiaceae) e *Warburgia Salutaris* (Bertol F.) Chiov. (Cannelaceae) , três plantas sul-africanas, J. Ethnopharmacol. 56 15-30.

Cross, J.H., (1985). Chemotherapy of intestinal trematodiasis in man. In: chemotherapy of gastrointestinal helminths, H. Vanden Bossche, D. Thienpoint, and P.G. Janssens (eds.). Spronger-Verlag, Berlim, pp. 541-556.

Campbell, W.C., e Garcia, E.G. (1986). Infecções do homem por Trematódeos. In: Chemotherapy of parasitic diseases, W.C. Campbell e R.S. Rew (eds). Plenum Press, Nova Iorque, pp. 385399.

Cowan, M.M. (1999) Plant Products as antimicrobial agents. Sociedade Americana de Microbiologia.

Davis, A. (1982). Tratamento do paciente com esquistossomose. In: Schistosomiasis, P. Jordon e G. Webbe (eds). Heinemann, Londres pp. 184 -226.

Davis, A. (1982). Tratamento do paciente com esquistossomose. In: Schistosomiasis, P. Jordon e G. Webbe (eds). Heinemann, Londres pp. 184 -226.

Deng S, Yu B, Hui, Y., Yu H e Han X: Síntese de três saponinas diosgenílicas: dioscina, polifilina D e balanitina-7. *Carbohydrate Res* 317: 53-62, 1999.

Doughari, J. H., Pukuma, M. S. e De, N. (2007) Efeitos antibacterianos de *Balanites aegyptiaca* L. Drel. e *Moringa oleifera* Lam. em *Salmonella typhi*. *Jornal Africano de Biotecnologia* Vol. 6 (19), pp. 2212-2215,

Edward, J.B. e Sogbesan, O.A (2007). Efeito de toxicidade do temefos em *Bulinus globossus* e *Lymnaea natalensis*. *Avanços na Investigação Biológica* 1 (3-4): 130-133,

Evans, N.A.,. Whitefield, P.J., Squire, B.J., Fellows, L.E., Evans S.V. e Mollott, S.M. (1986).

Atividade moluscicida das sementes de Millettia thrningii (Legummosae: papilionideae). *Med. e Hig.,* 80: 451-453

Fair, J. D., Kormos, C. M. *J(2008). Chromatography. A* 2008, *1211(1-2),* 49-54. (doi:10.1016/j.chroma.2008.09.085)

Fauci, A. (1998). Doenças novas e reemergentes: Os importadores da investigação biomédica. *Doenças infecciosas emergentes.* 4:112-124

Fichani, M.C (2000). Compostos orgânicos em nuvens: Conhecimento atual e perspectivas futuras. Boletim de actividades do IGAC Vol. 23, 2001

Foerster, Hartmut (22 de maio de 2006). "MetaCyc Pathway: saponin biosynthesis I". http://BioCyc.org/META/NEW-IMAGE?type=PATHWAY&object=PWY-5203&detail-   level=3. Recuperado em 23 de fevereiro de 2009.

Riguera, Ricardo (1997). "Isolamento de compostos bioactivos de organismos marinhos". *Jornal de Biotecnologia Marinha* 5 (4): 187-193.

http://www.springerlink.com/content/m9cclbrm1y0e5ge5/.

Robyn Klein (2004,) Caraterísticas filogenéticas e fitoquímicas de espécies vegetais com propriedades adaptogénicas. Trabalho de tese de mestrado, Montana State University, Dept Plant Ciências e fitopatologia:

Ghani, A. (1990). Introduction to Pharmacognosy (Introdução à Farmacognosia). Imprensa da Universidade Ahmadu Bello, Ltd. Zaria, Nigéria. Pp. 45-47.

Hammiche, H. e Maiza, K. (2006). Medicina Tradicional das Folhas no Saara.

Farmacopéia de Tassili. *Jornal de etnofarmacologia.* 105.

Herskowits, M., Wiestman, Z. e Grinberg, S. (2008). Produção de Biodiesel a partir de *Balanite aegyptiaca. Patente,* Browdy e Neimark P.L.C.

http.www.faqs.org/patent/Application/02008271364. Recuperado em junho de 2009.

http//www.Freshpatent.com (2007)Balanites aegyptiaca saponins and uses thereof. Obtido em 25 de maio de 2009.

Hostettmann, K. (1989). Moluscicidas derivados de plantas de importância atual. In: H. Wagner, H. Hikino e N.R. Farusworth (Eds.) *Economic and Medicinal Plant Research* Vol.3. Academic Press, Londres.

Hostettmann, K.; A. Marston (1995). *Saponins.* Cambridge: Cambridge University Press. p. 3ff.

Hudson BJ, EL-Difrawi EA (1979). As sapogeninas das sementes de quatro espécies de tremoço. *J. Plant Food* 3: 181-186. "Saponins". Universidade de Cornell. 14 de agosto de 2008

http://www.ansci.cornell.edu/plants/toxicagents/saponin.html. Recuperado em 23 de fevereiro de 2009.

Ibrahim, A. M.,(1992). "Anthelmintic activity of some Sudanese medicinal plants", Phytotherapy Research, 1992, 3, 155-157

Innggerdingen, K.C.S., Diallo, N.D. e Mounkoro, B.S. (2004) Um estudo etnofarmacológico da utilização de plantas para a cicatrização de feridas na região dogonal do Mali, África Ocidental. *Journal of Ethnopharmacology.* 92: 233-244.

Iwu M.M (1983). Perspetiva da Etnomedicina Tribal Ibo. *Jornal de medicina étnica.*

Iwu. M.M., e Duncan, A.R e Okunyi, C.O (1999). Novos antimicrobianos de origem vegetal. p. 457462. In: J. Janick (ed). *Perspective of new crops and new uses (Perspetiva de novas culturas e novas utilizações).* ASHS Press, Alexandria, VA.

John, T., Kokwaro, J. O. e Kimanani, E.K. (1990). Remédios de Luo do distrito de Siaya, Quénia. Estabelecimento de critérios quantitativos para o recenseamento. *Botânica Económica.* 44: (3) 369-381.

Kubmarawa, D., Ajoko, G.A., Enwerem, N.M. e Okorie, D.A (2007). Rastreio preliminar fitoquímico e antimicrobiano de 50 plantas medicinais da Nigéria. *Jornal Africano de Biotecnologia.* 6 :(14). 1690-1696.

Lee, Jeong-Chae, Jung, Ha-Na, Kim, Jung-Soo, Woo, Won-Hong, Jeong, Woo-Yeal et al., (2003). Preparação selectiva de respostas imunitárias específicas de antigénios mediadas por Th1 após administração oral de receitas mistas de medicamentos tradicionais coreanos. *Clinica Chimica Ata,* 329, 133-142 Lambertucci et al. 1987 *RevSoc Bras Med Trop20.* 47-52.

Lemmich, E., Cornett, C., Furu, P., Jorstian, C.L., Knudsen, A.D., Olsen, C.E., Salih, A.e Thiilborg, S.T. (1995). Saponinas moluscicidas de *Catunaregam nilotica. Phytochemistry 39 (1): 63-68.*

Lemma, A (2004) Potencial moluscicida e outros potenciais económicos do endod. Plantas: *The potentials for Extracting protein, Medicines, and Other Useful Chemicals_Workshop Proceedings*

Mercek, kanel (1972).Aplicações farmacêuticas da cromatografia em camada fina e em papel.

Macmillan Press, Londres. Pp395, 569 e 603.

Lindsey, Keith, Pullen, Margaret L. e Topping, Jennifer F., (2003). Importância dos esteróis vegetais na formação de padrões e na sinalização hormonal. Trends in Plant Science, 8(11), 521-525

Liu, Y. H. (1987). Estudos moluscicidas de plantas na República Popular da China. In: Plant Molluscicides, ed. K. E. Mott, John Willey and Sons Ltd. K. E. Mott, John Willey and Sons Ltd. Grã-Bretanha.

Liu, H. W. Nakanishi, K., (1982) "The Structures of Balanitins, Potent Molluscicides Isolated from Balanites aegyptiaca", Tetrahedron, , 38, 513-519

Maillard, M., Adewunmi, C. O., e Hostettmann, K. (1989). Novos N-acetilglicosídeos triterpenóides com atividade moluscicida de *Tetrapleura tetraptera* Helvetical Chimica Ata 72: 668-674

McCollough, F.S., Gayral P.H., Duncan, J. e Chrstie, J.D. (1980) Molluscicide in Schistosomiasis control. Boletim da Organização Mundial da Saúde. (OMS). 58:5 681-689.

Ficha de dados de segurança do material, ácido oleico (Mallinckrodt Baker Chemical Inc.) MSDS (Phillipsburg, New Jersey, EUA. http//www2.itap.purdue.edu/msds/docs/11162 pdf. Recuperado em 18th de junho de 2009.

Moerman, D.E (1996) An analysis of the food plants and drug plants of native North America. *J. Ethnopharmacol.* 52:1-22.

Mozley, A. (1939). Moluscos de água doce do Território de Tanganica e do Protetorado de Zanzibar, e a sua relação com a esquistossomose humana. *Trans R Soc Edinburgh 59.* 687-730

Nakanishi, K. (1982). Estudos recentes sobre compostos bioactivos de plantas. *Jornal de produtos naturais,* 45: 15.

Onwuliri, F.C. e Dawang, N.D.(2006). Atividade antimicrobiana do extrato aquoso e etanólico da folha de Drumstic (*Moringer Oleifera* lam) em algumas espécies bacterianas associadas a doenças gastrointestinais. *Jornal Nigeriano de Botânica.* 19(2): 272-279.

Osama, E.A. (2000) Transmissão e controlo da shistosomíase em esquemas de irrigação no Estado de Cartum, Sudão. Tese de doutoramento, Universidade de Khartuom, Sudão.

Jain, D. C. Tripathi, A. K.(1991) "Insect feeding-deterrent activity of saponin glycosides", *Phytotherapy Res*, 5, 139-141

Pinner, R., Teutsch, S., Simonsen.L.,Klug, J. G., Graber, M., Clark, T. e Berkelman, R.(1996). Trends in infectious disease mortality in the United States (Tendências na mortalidade por doenças infecciosas nos Estados Unidos). *J. American Medical Association,* 275:189-193.

Riguera, Ricardo (agosto de 1997). "Isolamento de compostos bioactivos de organismos marinhos". *Jornal de Biotecnologia Marinha* 5 (4): 187-193.

http://www.springerlink.com/content/m9cclbrm1y0e5ge5/.

Singh, A. P (2002) Emerging trends in the herbal pharmaceutical industry and practices. *Conselho Consultivo Científico. 5:12*

Sofoworo, A. (2006). *Medicinal plants and traditional medicine in Africa (Plantas medicinais e medicina tradicional em África).* Livros Spectrum, Ltd. Lagos. Pp. 231-234.

Sofowora, A. (1993). Tendências recentes na investigação sobre Plantas Medicinais Africanas. *J. Ethnopharmacol.* 38:209-214

Sukumaran, D., Parashar, B.D., Gupta, A.K., Jeevaratnam, K. e Prakash, S. (2004). Efeito moluscicida da nicotinanilida e seus compostos intermediários contra um caracol de água doce *Lymnaea Inteola,* o vetor da esquistossomose animal. *Mem. Inst. Oswaldo Cruz, Riode janeiro,* 99 (2): 205-210.

Suliman, A. G. e Jackson, J. K. (1959). A árvore de Heglig. *Sudan Silva* 9, 1-8.

Taylor P (1986). Programas de abastecimento de água e saneamento para apoiar o controlo da esquistossomose no Zimbabué. *Trop Med Parasit 37*:188.

Trease,G.E e Evans W.C (1989). A Textbook of Pharmacology, 13th Ed. Ballieria T.nal Ltd. Londres.

Chitsulo L, Engel, D., Montresor A, Savioli L. (2000). A situação global da esquistossomose e os seus controlos. *Ata Trop.* 77: 41-51

Vogel, A.I., Tatchell A.R, Furnis, B.S , Hannaford, A.J, Smith, P.W.G(2005) Vogel's Textbook of Practical Organic Chemistry (5th Edition) (Hardcover) by ISBN 0582462363

Waterman, P.G. and Mole, S. (1989) Entrinsic factors influencing production of secondary metabolites in plants. In: Bernays EA (Ed) Insect - plant interactions. CRC press, Boca Ranton, FL, Vol. 1:107-134.

Wiesman, Z. e Chapagain, B.P.(2003) Avaliação laboratorial da saponina natural como agente bioativo contra *Aedes aegypti* e *Culexpipiens. Boletim da Dengue* -27: 168-173

OMS (1983).Diretrizes para a avaliação de moluscicidas vegetais. In:Lemma, (A), Heyneman (D), Silangwa (S), ed. *Phytolacca dodemonda* (Endod). Dublin, Tycooly International Publishing Limited, 121-124.

W.H.O. (1965). Comité de Peritos em Bilharziose Bull. *Wld. Health Org.* 33: 567-581.

Comité de Peritos da OMS. Prevenção e controlo da esquistossomose e da helmintíase transmitida pelo solo. *World Health Organ Tech Rep Ser.* 2002;912:1-57.

OMS (1994) *O controle da Esquistossomose,* Ed Fiocruz, Rio de Janeiro, Brasil

WIPO, (2001).Extrato de Balanite aegyptiaca para o tratamento do HIV/sida e da leucemia. (WO/2001/049306)

yes
I want morebooks!

Buy your books fast and straightforward online - at one of world's fastest growing online book stores! Environmentally sound due to Print-on-Demand technologies.

Buy your books online at
www.morebooks.shop

Compre os seus livros mais rápido e diretamente na internet, em uma das livrarias on-line com o maior crescimento no mundo! Produção que protege o meio ambiente através das tecnologias de impressão sob demanda.

Compre os seus livros on-line em
www.morebooks.shop

Printed by Books on Demand GmbH, Norderstedt / Germany